日本人「米軍中佐」が教える
日本人が知らない

国防の新常識

アメリカ空軍中佐　内山進

彩図社

はじめに

本書は「国防」をテーマにしている。といっても、これまで日本で刊行されてきた同テーマの書籍とは、少し毛色が違うのではないかと思っている。

表紙の著者名と肩書きをご覧いただくとわかるとおり、私は日本出身の米空軍中佐である。イラク戦争に従軍して他国の軍隊と共同で作戦を行った他、横田基地に勤務して自衛隊とも交流をもった。軍隊生活は25年に及ぶ。そうした少し変わった経歴を生かして、国防に関する知識をプロの視点から紹介していくのが本書の趣旨だ。

といっても、何の説明もなく「私は日本人米軍中佐だ」と言われても、普通は信じられないだろう。そこでまずは、私が何者なのか、自己紹介をさせていただきたい。

２０１７年現在、私はアメリカのカリフォルニア州にある米空軍基地に勤めているが、最初に入隊したのは米陸軍だった。

最初から軍隊に入りたかったわけではない。入隊したのはまったくの偶然だ。大学時代にアメリカへ留学し、現地の大学、大学院へと進学したのだが、ある日、シカゴの空港のロビーで、兵隊から米陸軍に入隊しないかと声をかけられたのだ。前年に湾岸戦争が勃発したことで、米陸軍は兵隊を求めているところだった。

正義感の強い仕事に対する憧れはあった。幼い頃に警察官だった伯父に育てられた影響があったのかもしれない。空港では誘いを断ったものの、後で思い直して入隊を決意し、米陸軍に2等兵として所属することになった。

その後は上官の勧めで士官学校に入学し、ＳＲＴ（米軍のＳＷＡＴ）の訓練と空挺訓練を受けて卒業した後、１９９９年まではＭＰ（憲兵）の尉官を務めた。アメリカ国籍を取得したのは、この士官学校入学前だ。兵卒はアメリカ国籍がなくても問題はないが、士官になるにはアメリカ国籍が必要だということで、手続きを行うことにした。

その後、大尉で除隊して民間企業に就職したが、環境が合わなかったことから軍隊へ戻ることを決意。ただ、陸軍は年齢制限があるとのことで、米空軍に大尉として入隊することになった。２００1年の9・11同時多発テロから1年が過ぎた頃だった。

そして、少佐に進級した直後にイラクへ派兵され、その後も2回ほどイラクへ赴任した。空軍指揮幕僚大学卒業後にはアフガニスタンへ派兵され、その8カ月後にアメリカへ帰国している。そして帰国後は現役から除隊して米空軍予備役に移り、中佐に進級。現在は米空軍大学校（Air War College）の通信課程を受けながら、基地での訓練に勤しんでいる。

以上が私の大まかな経歴である。

空軍に入ってからは、世界各地へ赴任した。日本もそのうちの一カ国だ。赴任したのは2006年6月。横田空軍基地に憲兵隊副官としてやってきた。

家族を連れて22年ぶりに日本へやってきた。久しぶりに祖国へ帰ってきた、というと大げさだが、アメリカや海外での経験が長かったからか、横田基地で仕事をしていると、日本という国は本当に平和でいい土地なのだなと心の底から思ったものだ。

しかし、2017年現在、日本をとりまく環境は大きく変化している。北朝鮮は周辺国や国連の批判を無視してミサイル発射実験を繰り返し、日米韓への攻撃も辞さないと挑発的な言動を繰り返している。ご存知のとおり、2017年になってからはミサイル実験の頻度が明らかに多くなっている。決して楽観視できない状況だ。

日本の安全保障環境は大きく変化している。それ自体は仕方のないことだが、問題は、このように状況が変化しているにもかかわらず、日本の国防に対する意識が他国と比べて大きく遅れをとっていることにある。

日本国内にいるとなかなかわからないが、日本とアメリカ両方の国で暮らし、自衛隊と交流をもったことで、私は日本の国防観念が特異だということに気づかされた。

日本では、戦後70年を経た現在でも「軍隊＝悪」という幻想がまかり通り、自衛隊は十分な理解を得られていない。

自衛隊は軍隊とは違うというのが日本の建前だが、外国から見れば、その役割は軍隊と変わらないし、日本国内でも軍隊として扱うべきだと思っている。

軍隊と聞くと日本人はネガティブなイメージを抱くかもしれないが、民主主義国家にとって軍隊とは、決して侵略戦争のためにあるのではない。

国の独立を守り国民を外国の侵略から守るために軍隊は存在する。そのために、いざというとき敵の脅威を排除できるよう、勝つために必要な戦略を考える。この戦略が軍事戦略であり、民主主義国家が成立するためには欠かせないものだ。

しかし、日本での国防の議論は、「撃たれたらこう守る」という受身の話に終始しがちで、軍事的な議論がタブー視されてきた。日本の防衛政策は専守防衛だから、撃たれたミサイルを迎撃できればそれでいい、という考えだ。

だがはっきり言って、それは現実を何も見ていない理想論である。

日本は北朝鮮による拉致事件を防ぐことができず、いまだ解決の糸口は見えていないが、これは明らかに国防の失敗例である。日本は国民を外国の侵略行為から守れなかった。しかも、専守防衛を掲げているから、自衛隊を北朝鮮に派遣して拉致被害者を救出することもできない。はっきり言って、これ以上の国防の失敗を私は知らない。

それに、勝つ方法がわからないのに、どうやって攻撃を防ぐというのだろうか。米軍のモットーに、こういうものがある。"Prepare for the worst"「最悪の事態に備えよ」である。軍隊は常に最悪の状況を考慮しつつ、そうした状況でも勝利できるように戦略を考える。非常に単純な話だが、それが日本では受け入れられてこなかった。

これによる弊害は少なくない。

まず、国防に関する議論から軍事論が切り離されたことで、現実的な議論ができなくなっていることだ。専守防衛という幻想を守ることにこだわって、現実的な脅威に対しても、むりやり専守防衛で対処しようとしている。最近はマシになってきたが、一時期は憲法を変えると言っただけで侵略者のレッテルを貼られ、冷静な議論を進めることができなかった。しかし、国を守れない政策に固執することが、はたして国防と言えるのだろうか。

また、メディアのあり方にも問題がある。軍事学が忌避されてきたことで、軍事経験がない人物が軍事評論家を名乗ってメディアに出るようになり、的外れなことを言っている。こうしたケースが少なくないのだ。

メディアの役割は、視聴者に安心感を与えたり、不安を煽ることではない。北朝鮮が日本を標的にすると挑発するなら、日本の防衛力で対応可能かを軍事的な視点から分析するとか、脅威に対応するために必要な法的・軍事的対応は何かを考えるとか、いろいろある。それには軍事的知識が必要不可欠なのだが、自衛官や退役自衛官の発言の機会は限られており、一般受けしやすい発言をする人ばかりが目立っている。これでは、いつまで経っても国民の意見は変わらない。

私は25年という長い間、米軍で軍事教育を受けてきて、国防とはどのようなものなのか、自分なりの意見がある。そうした意見や米軍から見た軍事学の常識を、本書でまとめている。日本にいては気づかない観点も本書にはあると思うので、国防について関心のある方には、参考になるのではないかと思っている。

一般公開された情報に基づいて執筆し、客観的に判断することを心がけたが、それが日本の皆さんにはどのように映るのか。読者の皆さんが国防について考える一助になれば、日本出身の身としては、うれしい限りだ。

日本人「米軍中佐」が教える
日本人が知らない国防の新常識　目次

第1章　21世紀の国防の基本

第2章 戦略を考える上で一番大事なことは何か?

第3章 日本人が知らない軍事戦略の常識

第4章

米軍からみた自衛隊の強さ

第5章

日本の国防に欠けているもの

第1章

21世紀の国防の基本

一国で国を守る時代は終わった

2015年9月、参議院で平和安全法制、いわゆる安保法案が通過して集団的自衛権の行使が可能となり、自衛隊は海外活動を拡大できるようになった。これまでの政府見解から大きく踏み込んだこの法案をめぐって、日本では賛否両論の激しい議論が繰り広げられ、法案成立後も違憲だとして反発する憲法学者などの声が絶えない。

一方で、このニュースは日本のみならず世界各国でも報じられ、アメリカでもCNNなどで話題になった。

一体なぜか？　それは、アメリカや世界各国が考える21世紀の国防に、日本の決定が合致する内容だったからに他ならない。端的に言えば、アメリカを含め、一国で国を守る時代は過ぎ去り、現在は多国籍間の連携を通じて国を守る秩序が重要になってきているからだ。

そんなことを急に言われても、読者の中にはピンとこない方もいるかもしれない。自衛隊を海外に送ることで日本が戦争に巻き込まれたり、他国から攻撃を受けたりするかもしれないと心配に思う方もいるだろう。実際、弾道ミサイルの発射実験を繰り返す北朝鮮は、アメリカの同盟国である日本を威嚇する発言を再三述べ、日本人の不安を煽っている。消極的な態度をとる人がいても不思議ではない。

しかし、いたずらに怖がるだけでは、日本、ひいては世界をとりまく脅威に対して正しい判断を下すことはできない。日本は、日本人が思っている以上に国際社会から人的・経済的貢献を求められている。それは、日本がカモとして狙われているわけではなく、先進国の一員なら国際秩序を守るのは当然だという意識が国連や他国にはあるからだ。

大事なことは、そうして知識をきちんと踏まえた上で自分の考えをまとめることだ。軍事に限らず、国際社会に関する問題は、現実に基づく適切な認識がなければ、理想論か暴論しか語れない。

そこで本章では、21世紀の現在、世界がおかれている基本的な状況を解説しようと思う。周知のとおり、現在の世界秩序はアメリカが中心だ。そのアメリカ中心の世界秩序は、イラク戦争を境に大きく変わった。そしてその変化は、日本人の想像以上にアメリカへ大きな衝撃を与えている。イラク戦争の何がアメリカを変えたのか？　順を追って見ていきたい。

イラク戦争でアメリカの国際的な影響力が低下

現在では、イラク戦争が失敗だったことを誰もが知っている。

大量破壊兵器を所持しているという口実でアメリカはイラクと戦争を始めたが、フセイン政権を倒しても大量破壊兵器は見つからず、それどころか駐留長期化による軍事費・政府債務の増加、現地住民からの反発、国際社会からの非難など、得られるものはほとんどなかった。

このイラク戦争がアメリカ社会に与えた影響は、計り知れないほど甚大だった。

中でも、戦争による人的被害の拡大は、アメリカ国内に大きな影響を与えた。当初は世論の支持を得て始められたイラク戦争だったが、軍の駐留は長期化してアメリカ人の死者数は4000人を超え、攻撃の口実だった大量破壊兵器は一向に見つからない。それどころか、「大量破壊兵器はない」「開戦は国際法上の根拠を欠く」という研究報告が相次ぎ、国内には厭戦的な気分が広がった。そのため、アメリカ国民は政府に米軍の撤退を望むようになり、戦争継続が難しくなったのである。

こうした変化は、アメリカに安全保障政策の見直しを余儀なくした。アメリカは米軍の世界展開に対して人的・金銭的コストをかけられなくなり、その結果、海外の駐留部隊の数を減らしたり、同盟国に軍事費の負担増を求めるようになったのだ。

それは2017年1月に大統領に就任したドナルド・トランプ氏の発言を思い出していただければわかるだろう。彼が「日本に在日米軍の駐留費をもっと負担させる」と発言した目的は、イラクから米軍の撤退を決めたオバマ前大統領と同じで、米軍の負担を減らすことにあったわけだ。

トランプ大統領は縮小傾向にあった軍事費を9％（約540億ドル／約6兆円）増額する予算案を示しているが、死者が大勢出るような作戦に関しては、これまでの方針と同じく、国内世論を尊重するはずだ。アメリカ国民が海外派兵に消極的な現状では、予算も兵士も戦地へ投入することは難しいだろう。

国との戦争からテロとの戦争へ

また、戦争の主体として国家以外の組織、すなわちテロ組織が登場するようになったこ

イラク戦争の様子。首都バグダッドにおいて作戦に参加する米軍兵士。

とも大きな変化だ。

アメリカは太平洋と大西洋という二つの海に挟まれ、軍事的脅威となり得る国も周囲にはないため、国民が直接被害に遭うケースは少ない。

そんな外国から本土攻撃をほとんど受けたことのなかった超大国が、イスラム教過激派のテロ組織の攻撃で3000人近い死者を出した。これにより、アメリカは国内における宗教テロという、これまでの戦争とはまったく異なる脅威に備える必要が出てきたのである。

テロ組織には、冷戦期のような核の抑止力や経済競争は通用しない。しかも、相手の目的は経済的・軍事的・政治的な優位を確保することではない。彼らが挑戦しているのは、アメリカのイデオロギーそのものだ。テロ組織の攻撃でアメリカが滅ぶとは考えにくいが、攻撃対象がアメリカのイデオロギーそのものにある以上、彼らの資金が尽きない限り、終わりは見えてこない。

しかも、国際的なテロ組織は草の根的にネットワークが世界中に広がっているため、主導者を倒して活動を沈静化しても、不満の種がくすぶっていれば、新しい主導者が先導して攻撃を繰り返す恐れがある。

実際、米軍によってイラク政権は倒れたが、シーア派のアル＝マーリキー首相率いる新支配層にスンニ派の旧軍人たちは不満を募らせ、テロ組織に合流。反政府運動を展開し、さらには周辺国へ戦火を拡大している。このテロ組織こそ、現在ヨーロッパや中東でテロを繰り返すＩＳＩＳ（イスラム国）だ。アルカイダとイスラム国は別組織だが、世界中のテロ組織の中には、勢いのあるテロ組織に共鳴して行動を起こす過激派が少なくない。アルカイダの勢いが衰えても、ＩＳＩＳに賛同してテロを継続しているわけだ。

こうしたテロとの戦争は、すでに世界的な広がりを見せている。治安がいい環境で育った日本人からすれば、テロの脅威は理解できても、自分たちの問題として認識することは難しいかもしれない。しかし、世界を見渡せば、アフガニスタン・イラク戦争の舞台となった中東だけでなく、アメリカやヨーロッパなど、先進国は自国におけるテロ対策を真剣に考えている。日本がおかれた状況の方が特殊だと考えたほうがいいだろう。

イラク戦争で軍の近代化に拍車がかかった

このように、イラク戦争後の世界では国防のあり方も大きく変わったわけだが、軍事上もっとも大きな変化は、軍の近代化、特にＩＴ化が進んだことだ。

もともと、冷戦後の軍縮の過程で軍の近代化は進められていたが、その成果はイラク戦争において一気に発揮・拡充された。ＵＡＶ（無人航空機やドローン）や人工衛星がとらえた情報がネットワークを介して集積・共有できるようになり、精密誘導兵器や通信機器、ジャマーなど、高性能の兵器・電子機器が戦場に投入されるようになったのだ。

高性能兵器が敵を正確に捕捉し攻撃できれば、兵士を大量に送り込んで目標を制圧する必要はなくなり、人的コストを抑えることができる。また、通信機器の精度が上がれば、戦場にいる兵士が正確な情報を得やすくなる。

他のページでも解説するが、世界全体が近代化した現在、最新兵器の開発・研究は各国が21世紀の軍事戦略を考える上で必要不可欠な要素であり、米軍は特に重視している。それは精密誘導兵器のような攻撃兵器を開発することだけが目的ではない。テロリストのような、いつ攻撃をしかけてくるかわからない相手を特定するためにも、最新技術は必要とされているのである。

危険人物を管理する生体識別技術

では、テロリストを特定する技術とはどのようなものなのだろうか。実はその技術が本格的に導入された時期も、イラク戦争の頃だった。

2007年から2008年の間、私は米軍中央軍に所属し、科学捜査・生物測定(Forensics/Biometrics)専門の士官であった。この頃の任務の一つに、アルカイダを支援する外国人戦闘員がイラクに流入しないよう阻止するというものがあった。

この流入阻止作戦の一番のキーが、バイオメトリクス・生物測定だ。イラク多国籍軍のペトレイアス大将の指揮により、米軍はBATS(Biometric Automated Toolset System)という仕組みを採用し、イラクが接する国境のチェックポイントや、イラク国内のチェックポイントにこのBATSを設置した。

ＢＡＴＳとは何か。まず、チェックポイントを通行しようとする人たちを対象に指紋、目の瞳の情報、顔面の認識、時折ＤＮＡの情報を取ってその場でアメリカ本国に情報を送る。情報を受け取った機関は、その情報とデータベースの情報を照らし合わせて、対象者がテロリストか犯罪者か、テロリストの国の兵隊かまたは一般人かを判断する。

その間わずか5分足らず。アメリカのデータ照会の結果がイラクに送られ、一般人とわかったら、その人は自由に通行できる。しかし、照合の結果、テロリストや犯罪者、テロリストの国の兵隊とわかったらその時点で拘束して、抵抗したらそれに応じた対応（射殺も含まれる）をとる、というのがＢＡＴＳの仕組みだ。

このシステムによって外国人戦闘員はイラクに入れなくなり、イラクで一般人に化けた外国人戦闘員は次々と逮捕あるいは射殺された。そのため、２００８年に私が再びイラクに戻ったときは、他の国と間違えるほどに平和になっていた。

日本では、イラクでこの技術が導入されたことはあまり知られていないが、実はテロ対策技術としては大変画期的なものだった。ペトレイアス大将が必要性を強調して導入されたのだが、技術の有効性が明らかになったことから、政府はバイオメトリクス・生物測定を積極的に活用するようになった。

現在では、心拍パターンから壁越しの人間を識別する技術や、体の動きから個人を特定する技術など、高度な生体認識技術が研究開発されているが、こうした技術は近代化の影響なくして誕生することはなかっただろう。

ただ、課題もある。バイオメトリクスが導入された10年前、アメリカではプライバシー法に引っかかるとして問題になった。個人情報が自分の知らないところで利用されてしまうのではないか。無関係なのにテロリストとして処罰されるのではないか。人権侵害ではないか。日本で話題になっているテロ等準備罪と似たような議論がアメリカでも起こっていたわけだ。

もちろん、生体認識技術によって監視対象になるのは、犯罪者、テロリスト、敵国の兵隊に限られ、一般人は含まれない。無関係の人の個人情報を利用することは、当然、禁じられている。

抵抗を感じる人がいるのは承知しているが、イスラム教過激派の思想が世界中に拡散する現在、危険人物の個人情報利用が認められなければ、テロを未然に防げない恐れがある。フランスやイギリスで起こるテロが、日本で起こらないという確証はどこにもない。好むと好まざるとにかかわらず、世界的には生体認証技術の活用が活発化するはずだし、日本もその例外ではないはずだ。

兵器の主流はステルスからドローンへ

また、軍のＩＴ化を象徴する兵器として、ＵＡＶ（無人機・ドローン）は忘れてはならない。

第二次世界大戦から現在を振り返ると、兵器開発の主眼は、「敵に見つからずに情報収集・攻撃できる能力を向上させること」だった。その成果が結実したのが、ステルス戦闘機やステルス潜水艦だ。敵レーダーに捕捉されないようステルス機には最新技術が投入されており、その有用性は実戦投入で明らかになっている。

そして現在、兵器開発の主流はステルス兵器開発からＵＡＶ開発へと移行しつつある。先述したとおり、ＵＡＶはイラク戦争で本格的に導入された。現在では米軍が保有する航空機のうち、３分の１以上がＵＡＶとなっており、その数は年々増加している。

２０１５年に国防総省の幹部がウォール・ストリート・ジャーナルに語ったところによると、２０１９年にはＵＡＶの１日当たりの飛行数を60機程度から90機程度に増やすとい

米空軍のUAV「MQ9リーパー」

う。UAVの増加傾向は今後も変わらないだろう。
UAVの一番のメリットは、操縦者に危険が及ばないことだ。中東のような遠い戦地であっても、UAVならアメリカ本土にある米軍基地の誘導ステーションから衛星を経由して操縦することができる。
しかも、技術が進歩したことで、攻撃精度や連続飛行能力も日に日に向上している。RQ1プレデターやMQ9リーパーのようなUAVは、アルカイダやタリバン、ISISへの攻撃で一定の成果を挙げており、テロとの戦いを含む現代戦では欠かせない兵器となっている。
ただ、攻撃兵器としての活用以上に、米軍はUAVによる情報収集に力を入れている。実際、アメリカが保有する無人機で最も多いのは、小型の偵察用無人機である。言うまでもなく、敵に見つからないよう情報収集をするには、小型機が適しているからだ。

今後は戦地の環境を想定して、機体バリエーションの多様化がどんどん進んでいくだろう。例えば、2017年5月には、ポケットサイズの小型偵察用ドローン「スナイプ」が米軍によって公開されている。スナイプは可視光線や赤外線画像などを撮影して兵士がもつ端末へ情報を送信することができ、飛行可能距離は約1キロメートル、連続飛行可能時間は15分間と、近距離偵察が想定されている。

この他にも、海兵隊が物資輸送用に使い捨てドローンを、国防総省は偵察用の水中ドローンを開発中と、例を挙げるときりがない。

一般市民への被害や操縦者へのストレスなどの課題もあるが、その対策も含めて研究開発は今後も進むと思われる（本気かわからないが、イギリス空軍の元作戦司令官は、プレイステーションで遊ぶ若者を軍事用ドローンの操縦者に採用できるか検討しなければいけないと発言している）。

世界的にもＵＡＶ開発競争は過熱しており、アメリカ、イスラエルを筆頭に、ロシア、中国などが国産ＵＡＶ開発に力を注いでいる。戦闘機と同じように、アメリカは同盟国にＵＡＶを輸出していくことが予想されるため、今後はより高性能のＵＡＶが世界中で展開されていくはずだ。

大国がますます力をいれる情報戦

UAVの開発過熱とあわせて注目してもらいたいのは、世界が情報戦を非常に重視しているという点だ。実際、米軍はISRという考え方に基づく情報収集に力を入れている。

ISRとは、Intelligence,Surveillance and Reconnaissance の略で、情報・監視・偵察の三つを指す。本書では何度かISRに関して触れていくが、それはISRの強化が国防に欠かせない要素だからだ。

ISR自体は昔からある戦略の基本だが、テクノロジーが進歩した現在、ISRを実施するには、資金の確保や情報専門家の養成、人員の確保、技術開発、さらには大量の情報を処理するシステムの構築など、対処すべきことが山積している。要は、時間も資金も継続的に投入して、はじめて有効な情報を得られる体制ができるわけだ。そのため、情報感度に敏感な国はISRの基盤づくりに余念がない。

もしISR能力が脆弱な場合、同盟国や友好国などから情報管理能力が脆弱だとみなされ、重要度の高い情報を共有できなくなる恐れがある。特に、日本のように北朝鮮の脅威に晒されている国のＩＳＲが不十分で情報の蓄積がない場合、有事の際に初動が遅れ、重大なミスに繋がる危険性がある。高いレベルのＩＳＲを発揮できる技術が日本にはあるのだから、それを安全保障に生かせる体制を政府は早急に築いたほうがいい。

徴兵制は時代遅れ

このようなテクノロジーの発展によって、軍隊の質は大きく変わることになる。兵器の技術が向上し、専門知識が求められるようになったことで、軍人も数より質が重視されるようになった。つまり、21世紀の軍隊は志願兵中心の専門家集団になり、徴兵制による軍隊は時代遅れになったのである。

徴兵制の問題は二つある。兵士が専門技術を蓄積できないことと、軍全体の士気を下げることだ。

例えば、冷戦期に東西にわかれていたドイツでは、西ドイツが１９５６年、東ドイツは１９６２年に徴兵制を復活させ、統一後も継続していたが、２０１１年には廃止を決めている。良心的兵役拒否という、兵役を社会活動で代替する仕組みもあったが、廃止決定に伴い、その義務もなくなった。

理由は、陸兵の士気の低下だ。1989年に東西ドイツが統一し、1991年にはソ連が崩壊して軍事的脅威が去ったことから、国民の要望に応えてドイツの兵役期間はどんどん短縮されていった。1980年代後半の兵役義務は15カ月だったのに対し、廃止決定前年の2010年の兵役義務は、6カ月にまで短縮されている。その結果、部隊勤務や実地訓練が不十分となり、兵士の士気が低くなってしまったのだ。

現在、徴兵制を採用している国は、歴史的にロシアの圧力を受けてきたノルウェーや、紛争の続くイスラエル、北朝鮮と停戦中の韓国など、軍事的脅威が明白な国ばかり。それらの国の中にも、兵役を嫌がる人々は決して少なくない。国民が軍隊と近い分、軍事的脅威に対して一致団結できるというメリットはあるものの、軍事的なメリットはない。

自衛隊も志願兵制をとっているが、現在の軍事常識からすればそれは当然だ。軍隊の近代化が進む現状では、軍事的メリットがなく、国民から反対されるような仕組みを、日本の政治家が選択することはないだろう。

アメリカ人は朝鮮半島情勢に関心がない

さて、ここまでの話を踏まえると、イラク戦争後のアメリカは、効率化・人命重視の観点から軍の近代化を加速させており、その傾向は世界を巻き込みながらこれからも続くと考えられる。

それは、同盟国に負担を求めつつ、少ない人員・軍事費でこれまでの世界秩序を維持することをも意味している。つまり、日本からすれば、アメリカが同盟国としてバックにいるからといって、これまでの安全保障対策では不十分になってきたということだ。

アメリカはイラク戦争の影響で「世界の警察」としての影響力が低下し、同盟国に相応の負担を求めるようになっている。だからこそ、冒頭で紹介したように、自衛隊の活動範囲の拡大にアメリカや周辺国は注目したのである。それはまた、不安定化する東アジア情勢において、日本の新しい役割をアメリカなどが求めていることを意味する。

では、東アジアにおいて、日本を含めアメリカの同盟国にとっての脅威とは何か？　言うまでもなく、日本が安全保障上直面している脅威は北朝鮮だ。北朝鮮は、国際社会の反対を

北朝鮮のミサイル発射実験をうけて朝鮮半島に空母カールビンソンが派遣された。しかし実はこのニュースに対するアメリカ人の関心はあまり高くなかった。

意に介さずに核実験やミサイル発射実験を繰り返し、さらにはアメリカや日本、韓国に強圧的な発言を繰り返している。しかも、金日恩《キムジョンウン》が指導者に就いてからはミサイル実験の回数が増え、2017年に入ってからは、毎月のようにミサイル発射実験を実施している。

北朝鮮の目的は、アメリカ本土に攻撃可能な能力を持つことでアメリカとの直接交渉に臨むことにあると考えられるが、金日恩の行動には不安定な要素が多いため、楽観視することはできない。

ただ、それ以上に日本が注意すべきなのは、アメリカ人は日本人が思っているほど朝鮮半島情勢に関心がないということだ。

例えば、2017年5月17日に北朝鮮が弾道ミサイルの発射実験を行ったとき、日本メディアはすぐさまその事実を報道し、ホワイトハウスによる非難をあわせて紹介したが、カリフォルニア在住の私が見た限り、アメリカメディアの扱いは大きくなかった。ニュースで紹介されはしたものの、日本のように大々的に報じられることはなかったし、私が北朝鮮のミサイル発射実験を知ったのも、アメリカのニュースではなく、日本のニュースを通じてだった。そのほかのミサイル発射実験や空母カールビンソン派遣に関する報道に対しても、アメリカ人はあまり関心を抱いていないのが現状だ。

アメリカの国際関係ニュースの比重は、やはりヨーロッパが一番で、続いてカナダやオーストラリア、ニュージーランドなどのヨーロッパ以外の白人国、それから中近東、アジア、南米と続く。

アジアの場合は、日本や中国は時折話題になるが、朝鮮半島情勢はめったに話題にならない。最近はミサイル危機に関する報道が新聞に載り始めたが、これまで白人国や中東のニュースが中心だったため、全体としてみれば、比重はそこまで大きくない。

朝鮮半島が南北に分断された朝鮮戦争に関しても、アメリカでは「忘れられた戦争(Forgotten War)」と呼ばれてすでに一般人の意識から消えている。同じアジアでも、ベトナム戦争はアメリカに与えた影響が大きかったため、現在でもベトナム戦争をテーマにした映画がつくられるが、朝鮮戦争に関する映画は、最近は全然つくられていない。ハリウッドでは、朝鮮戦争は娯楽としての訴求性がないと判断されているようだ。

もちろん、政府機関や政治家、軍人の中には北朝鮮の脅威を認識している者もいるが、政治中枢では、そうした朝鮮半島情勢に関する専門家の意見よりも、最近までは中東対策の方が重視される傾向が強かった。アメリカは、歴史的に東アジアよりも中東の方が軍事的な関与が強く、国民の関心もアメリカ人兵士が派遣される中東に向いていた。国民の関心に違いがあったからこそ、政府の対応にも違いが出たわけだ。

2008年の共和党副大統領候補だったサラ・ペイリンは、北朝鮮を韓国と間違えて「同盟国」と発言し非難を浴びたが、アメリカ人の朝鮮半島情勢の認識はその程度だと思ったほうがいい。

こうした状況は、朝鮮半島におけるアメリカの軍事行動に対する国民の支持を低下させる可能性がある。実際、トランプ大統領は北朝鮮に対する圧力を強めるために空母打撃群を派遣しているが、アメリカ国内では低迷する大統領支持率を回復するための軍事行動と見る向きが少なくない。

安全保障上必要だと判断すればアメリカは軍事行動を続けるが、軍隊というものは、国民の支持がなければ活動を継続することができない。日本人が「北朝鮮は世界秩序に対する脅威」だと認識していても、アメリカ国民が理解を示さなければ、政府の対応は単発的となり、有効な手を打てない恐れがある。そのため、北朝鮮情勢を考えるときには、アメリカ世論がどの程度その問題に理解を示しているのかにも、注意を向ける必要があるのだ。

有事の前に考えるべきは難民問題

また、日本では朝鮮半島有事の際の防衛体制や日米間政府の対応などについては細かくシミュレートされているが、どの議論でも重要な問題が抜けている。それが難民問題だ。難民というと、ヨーロッパや中東の問題で日本には関係ないと思う方もいるかもしれないが、戦争が起これば難民は必ず発生する。朝鮮半島有事の場合も、北朝鮮・韓国から日本に向けて難民がやってくるはずだ。

日本政府は、安全保障の面からも経済的な面からも、早急な難民対策を講じる必要がある。安倍首相は２０１７年４月17日の衆議院で難民問題への対処策を検討していることを明らかにしたが、それはつまり、具体的な対策はまだないということを意味する。

しかし、時間は待ってくれない。何千、何万人と来る北朝鮮人・韓国人の難民から工作員や犯罪者たちを排除する方法や、難民の受け入れ数の決め方、難民認定前の外国人を保留する場所の確保など、考えるべき問題は山のようにある。

特に重要なのは、工作員や犯罪者の排除だ。ヨーロッパの難民問題でも、工作員や犯罪者、テロリスト対策は非常に重視されているが、数が多く水際で防ぐのはかなり難しい。

そんな状況で有効なのが、先述したバイオメトリクスの導入だ。アメリカがイラクで導入したBATSのようなシステムを日本でもつくり、防衛省や警視庁・警察庁にデータを蓄積するのだ。

幸いにも、日本企業のNECなどは、バイオメトリクスの分野で世界的に知られている。NECの指紋認証システムの精度は非常に高く、顔認証システムも世界レベルの水準に達している。その実績が評価され、2020年の東京オリンピックでも、NECとパナソニックが共同開発している顔認証システムが導入される予定だ。日本政府には、このような先端企業と協力して、生体認識技術を難民対策に積極的に活用してもらいたい。

なお、難民受け入れに関しては、国民からさまざまな意見が出るだろう。一部の右派は朝鮮半島の難民を日本に入れるなと強調するかもしれないし、人権団体は人道的な観点から受け入れに賛成するかもしれない。

しかし、難民問題はそのような国内的な価値観だけに左右されるものではない。おそらく、朝鮮半島有事の際は、国連から難民を受け入れるよう日本にリクエストが来るはずだ。国際社会からすれば、日本は西側諸国を代表する先進国であり、国際貢献を強く求められる立場にある。治安が悪くなるからと断るのは、まず無理だろう。国際的な非難を浴びるだけだ。

難民の増加や人権意識の高まりによって、現在の国際社会は、先進国に人道支援や人的貢献を強く求めるようになってきている。そんな中で国際社会の要請に消極的な姿勢をとり続けるのは、国の信頼を傷つけることになりかねない。

ヨーロッパでも各国政府は難民問題で国民の理解を得るのに苦労しているが、同じ轍を踏まないように、日本政府も国民に理解を得られるような説明を考えておくべきだ。

戦争以上に戦後処理に備えることが重要

最後にもう一つ、戦後処理の重要性についても紹介したい。

ご存知のとおり、米軍はイラク戦争やアフガニスタン戦争の戦後処理に失敗し、中東にはいまだに多くの米兵が駐留している。

そのためアメリカ人の多くは、なぜ何年経っても戦後処理がうまくいかないんだと嘆いているが、ここではそうしたアメリカ人の鬱憤に答えてくれる論文を紹介しよう。著者は中国系アメリカ人ミンキシン・ペイ氏（Minxin Pei）、題名は「再建国によるアメリカの記録」（The American Record on Nation Building）である。

20〜21世紀において、アメリカが戦争し、戦勝後に占領した国は16カ国ある。ペイ氏によれば、その中で米軍撤退後に安定した民主主義になった国は、たったの4カ国。それが、日本、ドイツ、パナマ、グレナダである。韓国は休戦中なので、この統計には含まれない。

ただ個人的な意見としては、パナマ、グレナダは経済的に不安定で、とても成功だとはいえないと思う。陸軍中尉時代にパナマのフォートクレイトンに勤務していた経験上、現地の様子を知っているつもりだ。グレナダも周囲を海に囲まれた小さな島国で、これといった産業も根づいていない。

そうすると、米軍の占領政策の成功例は、日本とドイツのたった2カ国だけということになる。16カ国中2カ国とはあまりにも成功率が低い。

ここからわかることは、戦争に勝って占領し、経済援助を与え続けたとしても、得られるものは何もないということだ。強国でも戦争を避けるのはこのためである。戦後処理に失敗すれば国内世論が厭戦的となり、政府の支持率が下がる。政治家なら誰もそんな事態は望まない。

では、ペイ氏は戦後処理が難しい理由をどのように考えているのだろうか？　なぜ、イラクとアフガニスタンは日本やドイツのように復興ができないのだろうか？　彼は戦後処理が成功する国の特徴として、大まかに次の五つを挙げている。

1・以前から憲法などが存在し安定した法治国家であること
2・単一民族国家であること
3・大体の国民の収入や社会的地位が平等であること
4・国の団結力があること
5・アメリカと国益が同調できること

こうして見ると、日本もドイツもこの条件をすべて満たしていることがわかる。イラクの場合も、新政権の長となったシーア派のアル＝マーリキー首相が、前政権で重職を占めたスンニ派と協調し、彼らにも要職を与えていれば、民主的な政府になっていたかもしれない。

アフガニスタンの場合は、大統領がハザラ人とタジク人を政府高官として雇って民族分裂を防ぐ努力をしたが、前から安定した法治国家でもないし、経済力も乏しかった。つまり、アフガニスタンが復興後に安定した民主主義国家になることは、もとから難しかったということだ。

北朝鮮における戦後復興は成功するのか？

では、このペイ氏の原則を北朝鮮に当てはめるとどうなるだろう。

まず、戦後復興前に戦争の結果がどうなるかだが、アメリカが北朝鮮へ先制攻撃を行えば、軍事力の差から北朝鮮が壊滅するのは確実だ。ミサイル施設や司令中枢が破壊されれば、北朝鮮の政治機能はすぐに停止する。

そして金正恩政権崩壊後、米軍、韓国軍、NATO軍を中心とした軍隊によって占領政策が始まり、その日が戦後処理のDデイ、作戦決行日になる。

おそらく、戦後処理が始まれば、多少の混乱は予想されるものの、アフガニスタンやイラクのような問題は起きないと考えられる。

北朝鮮の場合、「以前から憲法などが存在し安定した法治国家であること」、「単一民族国家であること」がペイ氏が挙げた条件に該当する。現実的に考えれば、法治国家である韓国が北朝鮮を吸収し、各国が支援を行いながら経済復興が進められていくことになるだろう。

しかしそれには、いつまで続くかわからない韓国への経済援助と難民受け入れ、そして、北朝鮮という緩衝国を失った中国の怒りをアメリカは覚悟しなければならない。当然、地理的に朝鮮半島に近い日本も、そうした状況は当てはまる。言い換えれば、朝鮮半島の安定を望むなら、日米韓中の当事国には、それなりに大きな負担がかかるというわけだ。

こうした現状を踏まえれば、普通ならアメリカが軍事行動に移る可能性はあまり高くない。しかし、トランプ大統領は歴代政権と比べて朝鮮半島への介入に積極的だ。しかも、現在北朝鮮のトップにいる金正恩は非常に不安定で、何をしでかすかわからない危険人物ときている。

この状況を日本人は楽観視すべきではない。アメリカ国内では朝鮮半島情勢への関心が薄いと先ほど書いたが、米軍の認識は違う。空軍の新聞を読むと朝鮮半島情勢に関する話題がよく載っているし、その頻度は数年前とは比べ物にならないほど増えてきている。

このような危うい環境にいる以上、日本は自国の立場をきちんと認識した上で戦略を立てなければならない。戦略とは国家運営の基本であり、決してぶれてはいけないものだ。

その戦略がぶれるとどうなるのか？　その点については次章から解説しよう。

第2章

戦略を考える上で一番大事なことは何か?

独立国の条件とは？

第1章で紹介したとおり、21世紀になると、アメリカはイラク戦争の影響で人命・効率重視の軍隊編成に拍車がかかり、軍隊の近代化が世界的に加速した。国防の形は大きく変化したわけだ。

しかし、当然ながら世界は軍事だけで動いているわけではない。各国の政治的意向や経済政策、軍事力が複雑に絡み合い、国際社会は成り立っているのだ。

それらの要素は技術やイデオロギーに左右されて時代ごとに変化することもあるが、グローバル化が進んだ現在、熾烈な国際競争を勝ち抜くためには、独立国として確固たる姿勢を示す必要がある。その際に必要なことが、国益を考え、その国益にかなう国家戦略を持つことだ。

歴史や思考、政治体制、経済力など、国によって立場が違う以上、すべての国が思い通りに国益を守ることは不可能だ。だからこそ、各国は自国に有利な環境をつくるために国家戦略を考える。その戦略の中に、軍事に関する戦略、すなわち軍事戦略は含まれる。

日本人は軍事関連の話をあまり聞きたがらないが、人類史を振り返ると、政治の延長には必ず戦争があり、外交の最後の選択肢には何時も戦争があった。戦争をしたくない気持ちは誰もが同じだが、敵の先制攻撃や開戦を避けるため、そして外交をうまく進めるためには、軍事戦略を含めた国家戦略を工夫しなければいけない。これが世界の常識である。

そこで本章では、戦略の基本をまずは概観し、最後に戦略を考える上で何が重要なのかを解説していく。こうした知識をおさえておくことで、日本が戦略を考える際に気をつけるべきことが何かわかるはずだ。なお、本章で単に「戦略」と記している場合は、国家戦略から安全保障戦略、軍事戦略までを含めた、広い意味で使用している。

国家戦略の基本であるＮＳＳとＮＭＳ

さて、それではまず、国家戦略とは何か、基本から解説していこうと思う。

国家戦略とは、国益を守るための国家の基本方針だ。この国家戦略を遂行するために、ＮＳＳ＝国家安全保障戦略（National Security Strategy）と、ＮＭＳ＝国家軍事戦略（National Military Strategy）という二つが遂行される。

国家戦略 (National Strategy)	国益に基づき政府が決定
国家安全保障戦略 (National Security Strategy)	国家戦略実現のために必要な 外交・経済・軍事的な戦略
国家軍事戦略 (National Military Strategy)	戦いになったときに勝てる方法を考える
地域戦略 (Theater Strategy)	国レベルで決まった戦略に沿って 各地域の実状にあわせた戦略を考える
作戦 (Operational)	中将以上の将軍が２個師団以上の 兵力の指揮をとって目的達成を目指す
戦術 (Tactical)	作戦に基づいて大隊、中隊、小隊などが それぞれ具体的な目標を考案・実行する

国家戦略概要

国家安全保障戦略とは、国家戦略実現のために必要な外交・経済・軍事的な戦略のことだ。この国家安全保障戦略を基にして、各国政府は国家全体レベルで行政機関の運営方法や経済対策を練る。なお、武力による抑止力も国家安全保障戦略の手段の一つだが、武力衝突は経済的・政治的リスクが伴う。国家安全保障戦略を遂行する上では、そうしたリスクをなるべく避けて、平和を維持しながら国力を活用することが重要だ。

一方、国家軍事戦略では、国家が独立を維持するための軍事的な手段を考えていく。つまり、戦いになったときに勝てる方法を考えるのが国家軍事戦略の目的だ。

日本を例に考えると、防衛省は国家レベルで決まった国家軍事戦略を基本方針として陸上自衛隊、海上自衛隊、航空自衛隊の各軍の方針や計画、運営、緊急対応案策を決める。これらの決まりが各軍の上部組織から下部組織へと伝わり、軍事戦略が遂行されるのだ。陸上自衛隊は方面軍や師団レベルへ、航空自衛隊は航空方面隊や航空団レベルへ、海上自衛隊は地方隊と航空群レベルへと上部の意識が伝達されるわけだ。

これを全体的なスキームに直すと右図のようになる。国家戦略に基づく決定が一兵士のレベルまで届くのには、このように多層的なステップを踏むということをここでは理解してもらいたい。

国家軍事戦略のない日本

では、日本は国益を守るためにどのような国家戦略をもっているのだろうか？　また、敵の先制攻撃を防ぐため、あるいは開戦を回避するためにどのような軍事戦略を遂行しているのだろうか？

読者の中にはショックを受ける人もいるかもしれないが、米軍に20年以上所属し、自衛隊とも交流してきた私自身の経験から判断すると、残念ながら日本には国家戦略や軍事戦略がないと言わざるを得ない。

確かに、日本は2013年12月に国家安全保障会議を発足させて、防衛政策の基本である安全保障戦略を策定し、防衛大綱も見直した。内閣官房のホームページにも、日本の安全保障戦略の方針として、抑止力の強化や脅威の防止、日米同盟・域内外のパートナー協力関係の強化、国際社会への貢献などが記されている。日本人の安全保障に対する意識は、私が横田基地に勤務していた2006～2010年よりも高まっているといえるだろう。

しかし、非常に大きな問題がある。安全保障戦略を実行する上で欠かせない軍事戦略が日本にはないのだ。

軍事戦略では、何よりもまず、戦いに勝つことを考える。それはつまり、戦争を視野に入れて戦略を考えるということだが、「専守防衛」を掲げる日本では、そうした視点が忌避されて、議論さえもままならないのが現状だ。この専守防衛が日本の軍事戦略だという人もいるかもしれないが、軍隊の常識から言えば、攻撃ができない軍事戦略を軍事戦略と言うことはできない。

これまでの日本は、アメリカの核の傘に入り、在日米軍基地による攻撃力によって国を守る状態が続いてきたが、それは同盟国アメリカに依存していることに他ならない。周辺にさした脅威がなければそれでもいいかもしれないが、現在は日本が平和的に経済成長できた時代とは状況が大きく異なる。北朝鮮による軍事的脅威に晒され、世界2位の経済大国に成長した中国は、軍事的・政治的野心を隠さない。このような環境でもこれまでどおりの専守防衛が通じるのか、私は疑問に思っている。

国家軍事戦略に基づく大綱がないというのは、その場限りの方針や計画、運営プランを実施するということだ。それでは結局、安全保障政策に一貫性がなくなり、緊急時ごとに国会で検討するという後手後手の対応しかとれなくなってしまう。刻々と変化する国際情勢において、スピードの欠く対応は国益を損ねる恐れがあり、避けねばならない事態だ。国家戦略を考える以上、国内的な条件が難しくても、軍事戦略を考察できるような環境をきちんと整備していく必要があるだろう。

アメリカの国家戦略の基本「DIME／PMESII」

そこでここでは、日本人自身が国防に対する理解を深め、冷静な議論を積み重ねていくための手助けとなる考え方を紹介したい。アメリカが国家戦略を決めるときに用いる「DIME／PMESII」という考え方だ。

この考え方は、アメリカの陸軍大学校（Army War College）や海軍大学校（Naval War College）、空軍大学校（Air War College）でも教えられる。これらの学校は中佐が大佐に上がるのに必要な課程だ。この事実は、DIME／PMESIIが現場指揮官にとって必須のものだと米軍が考えていることを示している。

まずはDIMEから見ていこう。DIMEとは各戦略の頭文字をとった言葉で、それぞれ外交（Diplomacy）、情報（Information）、軍事（Military）、経済（Economy）を意味する。これら四つは行動（Action）と呼ばれている。

PMESIIは、政治（Political）、軍事（Military）、経済（Economy）、公共（Social）、情報（Information）、インフラ（Infrastructure）の頭文字をとった言葉で、これらは行動に対する効果（Effect）を意味する。要は、行動（DIME）を他国と比較した場合、どのような効果（PMESII）が表れるかを考えるわけだ。

ただ、一般的には、PMESIIを省いてDIMEだけを使うことが多い。スピード重視の観点から、効果を待つのではなく、行動だけで判断する傾向があるからだ。

小難しく見えるかもしれないが、簡単に言えば、自国の外交・情報・軍事・経済を他国と比較し、その一つひとつの点で自国が勝っているのか負けているのかを判断して、対策を立てる。これがＤＩＭＥを使った国家戦略の考え方だ。

アメリカと中国の国力を比較

例えば、アメリカの視点に立って中国をＤＩＭＥの対象として考えてみる。イラク戦争の影響があるとはいえ、アメリカ一極体制は変わらず、冷戦以降はＤＩＭＥの四つでトップをキープしている。外交網も情報網も世界中に張り巡らされ、アメリカ主導のＮＡＴＯに属する欧州諸国は年々増える一方だ。軍事についても、中国の能力はアメリカ大陸を攻撃するような直接的脅威になるレベルではない。全体的な評価を見れば、アメリカの優位は明らかだ。

しかし、中国は各分野の成長が著しく、アメリカ一極支配体制を変える可能性も秘めている。中国がアフリカ大陸へ盛んに進出しているのは、外交網を強化し、国際社会への影響力を伸ばすためだとみるべきだろう。ミサイル配備が急速に進んでいるのも、自国領土・

領海からアメリカの影響力を低下させようとしているからに他ならない。また、人民解放軍内の情報機関員が世界中で情報収集をしており、サイバー攻撃も盛んに行っている。

そして経済だが、中国がアメリカを上回るという予測は、世界中で展開されている。国際的な経済雑誌フォーブスや、IMF（国際通貨基金）、OECD（経済開発協力機構）のような国際機関などがその例だ。現在はアメリカに分があるが、その差は小さい。中国経済の減退を指摘する意見も多いが、アメリカ政府は楽観視していないだろう。

このように、DIMEは現状を把握し、将来の国家戦略を考える上でも役立てられる。しかも、アメリカでは政策実行者だけでなく、軍隊の指揮官レベルがこうした考え方を身につけておくことで、軍隊の質を高めているのである。

アメリカの軍事戦略「統合軍」の展開

さて、DIMEなどに基づいて国家戦略が決まれば、安全保障戦略、軍事戦略を考えることになる。先述したとおり、軍事戦略は戦いに勝つことを考えるのが基本だ。

その基本を守るため、国防総省は米軍を世界の六つの地域（Theater）にわけて軍事展開をしている。そしてその一つひとつの地域に統合軍（Unified Combatant Command）を設置して情報を収集し、各地域で軍事作戦を遂行しているのだ。

六つの地域とは、2017年5月時点では以下のように分類されている。

北方軍（NORTHCOM／ノースコム）＝北米担当
中央軍（CENTCOM／セントコム）＝中東担当
欧州軍（EUCOM／ユーコム）＝欧州担当
太平洋軍（PACOM／ペイコム）＝アジア・太平洋地域担当
南方軍（SOUTHCOM／サウスコム）＝中南米担当
アフリカ軍（AFRICOM／アフリコム）＝アフリカ担当

当然、地域によって文化や経済、治安が異なるため、人員や装備も地域ごとに異なる。私は中東担当の中央軍に長く勤務したが、中東は紛争の多い地域であるため、担当する士官や下士官も多かった。

軍事戦略も地域ごとの特性を踏まえて作成される。テロリストに襲われたときの対応や

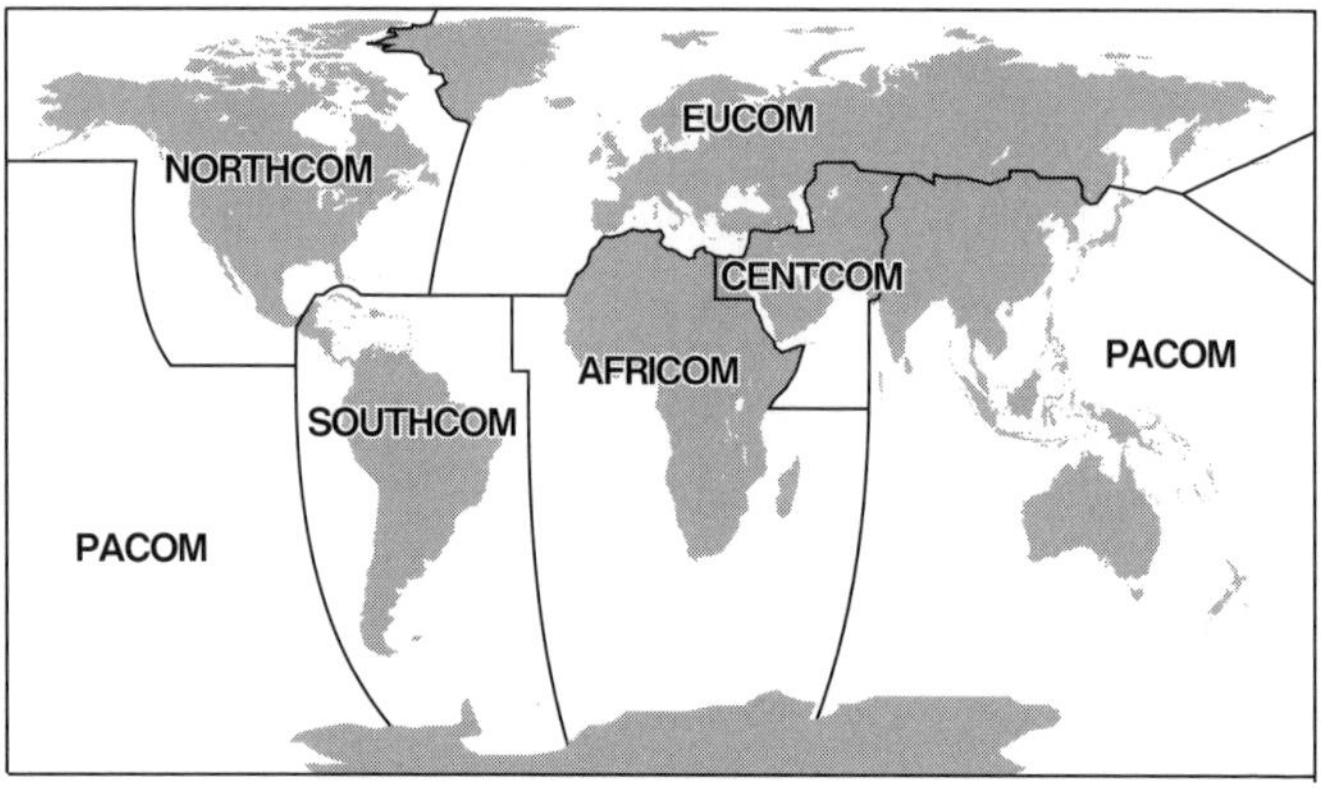

統合軍の展開地域

武器使用に関するルールなど、各統合軍で担当区域の実状に合わせて交戦規定（ＲＯＥ）が決められるわけだ。

もちろん、実際の現場でのやりとりはもっと複雑だ。軍事戦略を考える際には同盟国と調整をしなければいけないし、作戦を考える際にも、友軍部隊との調整について決めておかなければならない。

ただ、基本的には国家戦略にかなうよう軍事戦略は調整され、その軍事戦略を具体化するために作戦が考案される。状況の変化や膨大な情報へ対応するためには、このような一貫した戦略が非常に重要だ。

先述したように、米軍が展開する六つの地域は、文化も違えば経済力・政治体制もまったく異なる。そのような中で国益を守るためには、これだけはゆずれないという方針が国家戦略の段階できちんと固まっていて、その戦略を実現するために各戦略が考えられなければいけないのである。

自衛隊幹部から聞いた戦略の重要性

こうした軍事戦略の常識は、日本の自衛隊でも認識されている。

実際、私が米空軍大尉だった2004年に知り合った航空自衛隊幹部は、戦略の重要性をよく話してくれた。

もちろん、彼は日本を防衛するためには自衛隊にも敵地攻撃能力が必要だ、という単純な話をしたわけではない。

軍隊は、チームプレーが何よりも重要だ。命令を瞬時に遂行し、目的を達成するためには、全体が意識を共有しなければならない。しかし、戦略に基づいて手順が決められていなければ、軍隊はチームプレーをすることができず、効率的に動くことができない。

国を守り、自衛官の命を無駄にしないために戦略の必要性を述べる彼は、至極まっとうに見えた。それでも、自衛隊は憲法や国内法と整合させるために、軍隊の常識からすれば不合理な行動をとりつづけている。率直に言って、日本の防衛大臣や統合幕僚長、陸海空の幕僚長は大変な仕事をしていると思う。防衛の大綱となる国家戦略や軍事戦略がない中で、一貫した軍事的対応を目指しているのだから、はっきり言って驚きだ。

軍事行動に穴があけば、それが致命傷となって余計な死傷者を出す恐れがある。その場合、誰がどう責任をとるというのだろうか。自衛隊が安全保障戦略に基づいてより効率的に国を守り、国際貢献を果たしていくためには、国家軍事戦略が必要不可欠であるということも理解してもらいたい。

一貫性がなければアメリカも戦略で失敗する

ただ、米軍の軍人として日本に軍事戦略がないと指摘するからといって、アメリカの軍事戦略が必ずしも成功していると言いたいわけではない。

過去を振り返れば、アメリカも軍事戦略を誤ることがあったし、これからも舵取りに失敗して軍事戦略をうまく遂行できない可能性はある。

アメリカがそうした誤りを犯す理由は、はっきりしている。国家戦略から安全保障戦略、軍事戦略、軍事作戦にいたるまで、一貫性を保てなかったときに過ちは起こるのだ。詳しくは後述するが、ベトナム戦争やイラク戦争がそのいい例だし、他国でも同じ理由で戦略を誤ることが多々ある。

では、そのような不確実な要素を排除するためにはどうすればいいのだろうか？　大事なことは、政権の変化に左右されずに国家戦略を遂行できる体制を築くことだ。個別の戦略は時代の流れや政権の意向によって変わることがあったとしても、その上位にある大きな戦略、すなわち国家戦略は、ずっしりと固めておかなければいけない。

例えば、2017年1月にドナルド・トランプ氏が大統領に就任したことにより、アメリカの国家戦略が大きく変わると思っている人は多いはずだ。百万長者の経営者という、歴代政権にはないバックグラウンドを持つトランプ大統領は、他国や企業との交渉を商談のように進め、政策に見返りや利益を見出すようになっている。軍事戦略も、彼の個人的な意図で動いていると報じるメディアが少なくない。

しかし、民主主義国家アメリカの国会は、国家戦略に反する行動は許さない。トランプ大統領が掲げるアメリカ第一主義が国益にかない、議会や国民が支持すれば、その行動は歓迎されるだろう。しかし、誰が大統領であっても、国益に反する志向があれば、国家安全保障戦略も国家軍事戦略も変えることはできない。

そもそも、政権の変化は数年単位だが、国家戦略とは十年単位で先を見越して考えられなければならないものだ。政権が変化するたびに国家戦略が変わっていては、結局場当たり的な対応ばかりで、国民の生活を守ることができない。国益や国家戦略は、政権の意向によって決まるのではなく、政権の意向の上位に位置していなければならないのである。

戦略で一番大切なことは終わらせ方を決めること

さて、ここまで戦略の一貫性がいかに大事かを紹介してきた。では、その一貫性を実現するためにはどのような考え方が必要なのだろうか?

ここでは、19世紀初頭のプロイセン（ドイツ北部にあった王国）の戦略家カール・フォン・クラウゼヴィッツと、湾岸戦争時に米統合参謀本部議長を、イラク戦争時に米国国務長官を務めたコリン・パウエルの言葉を元に考えていきたい。生きた時代や地域は違うものの、クラウゼヴィッツとパウエルは、共に優れた戦略家として知られている。国際社会に関心がある人なら、一度は名前を聞いたことがあるだろう。

さて、クラウゼヴィッツは、「外交の終わりには戦争がある」という言葉を残している。パウエルもイラク戦争時に引用したフレーズだ。物騒に聞こえるかもしれないが、もう少し単純化してその発言の意味を考えてみよう。

頭のいい外交官や政治家は、外交の最後の手段として武力行使、あるいは、武力を盾にして戦略を考えていく。自国が他国の軍事的脅威に晒されれば、まずは外交によって解決を図るだろう。もし、外交交渉が上手くいかなければ、自国の武力を相手に見せしめ（英語でShow of Forceという）、自国優位に交渉を終わらせるよう努めることになる。

しかし、それでも交渉が上手くいかず、他のあらゆる手段を使っても交渉がまとまらない場合もある。そうしたとき、外交問題を解決する手段として軍事力に訴えるのである。それは力による威嚇かもしれないし、軍隊で敵軍を倒すことかもしれないが、戦争に発展したとしても、それはあくまで問題解決の手段に過ぎないのである。

それは言い換えれば、戦争はただ敵の力を削ぐのではなく、目的をもって行われなければいけないことを意味する。つまり、戦争を実行に移す前に考えるべきことは、戦闘の目的をはっきりさせること、もう少しわかりやすく言えば、終わらせ方を決めることにあるのだ。

統合参謀本部議長時代のパウエルも、「軍事力を行使するときは、戦略目標を明確にして圧倒的な兵力を投入する」との言葉を残している。戦闘の目的を定め、それが達成された時点で停戦とするというのが、戦略のルールなのだ。

まとめると、優れた戦略とは「戦争の終わらせ方」が明確で、それに基づき政策や軍事行動が規定されているものを指すのである。

近代の戦略・完全戦争とは

目的を持つなんて当たり前だと思う方もいるかもしれないが、実は近代国家間のこれまでの戦争は、相手の完全な無力化を狙う完全戦争（Total War）が少なくなかった。

完全戦争とは、アメリカの南北戦争で北軍のシャーマン大将によって考案・実行された戦略だ。現状の脅威を完全に取り除くために、包囲作戦などによって戦闘員と非戦闘員を区別なく攻撃し、さらには占領地を焼き払う。非人道的な手段も厭わないのが完全戦争の特徴だ。

この戦略の目的は、敵の戦意を挫くことにある。第二次世界大戦においてカーチス・ルメイ米空軍大将が命じた日本本土への無差別爆撃や、ナチスドイツ軍の占領地の焼き払いも、この完全戦争に分類できる（なお、ナチスによるホロコーストは完全戦争以上に凶悪なもので、戦略ではなく虐殺である）。

しかし、完全戦争では、敵国を感情的に強く刺激することもあって、自軍が負ければ必ず戦争犯罪人として裁かれる。第二次世界大戦後の日本・ドイツの指導者がいい例だ。当時の国際法では、戦争指導者を裁く根拠はあいまいだったが、指導者を戦争犯罪人として裁かなければ、戦勝国の世論は納得しなかった。実際、戦後のアメリカ世論は日本に対して反感が高まり、天皇をはじめとした指導者に対して、厳しい態度をとるよう求めていた。

完全戦争のもう一つの問題は、敵が無条件降伏（あるいは敵国に圧倒的に不利な条件で降伏）するまで延々と戦争が続くことだ。当時の戦争は、国内の産業力が総動員される総力戦体制だった。そんな中で戦争が長引けば、国力は著しく疲弊し、社会インフラが完全に崩壊することになる。

日本は戦争を継続する能力がなくなったと判断した1945年6月時点でソ連を通じ

てアメリカに降伏する道を模索していたが、和平を求めるには遅すぎた。完全戦争を目指すアメリカは妥協しなかった。圧倒的に有利な条件で戦争を終わらせることを望んだからだ。

なお、有利な条件とは、一般的には賠償金のかたちで表れる。第二次世界大戦終了時点では、アメリカは他国を圧倒する経済力を誇っていたため日本に賠償金を求めなかったが、それ以前の近代の戦争では、莫大な賠償金を求めるのが普通だった。それはB29の戦略爆撃で産業が壊滅的な被害を受けた日本が払えるような金額ではなかったはずだ。

事実、日本は日清戦争の勝利によって清国から国家歳入の2倍の賠償金を獲得したし、第一次世界大戦で敗戦国となったドイツは、支払い能力を超える賠償金を各国から請求されてハイパーインフレに悩まされた。

ちなみに、ドイツが第一次世界大戦時のアメリカへの債務の支払いを終えたのは、なんと2010年になってから。東西分断によって支払猶予期間があったとはいえ、戦争に負けたらどうなるのか、このニュースを聞いて改めて考えさせられた。

普通に考えれば、完全破壊された敵国に賠償金を支払う能力などあるはずがない。必要なのは、復興である。もし復興支援をしなければ、職や生きる糧を失った敗戦国の市民が難民となり、自国への移民を希望してくるだろう。

考えてもらいたい。国民から集めた税金を国内産業につぎ込んで戦争には勝ったが、敵国から賠償金はとれないし、敵国や国内の復興のためにどんどん出資しなければならない。その上、難民を受け入れる必要もある。たとえ戦争の勝利によってよりよい世界秩序ができたとしても、戦争関係の出資に対して見返りはなく、負債が膨れていくばかりで、何の得もない。戦場となったヨーロッパは、まさにこの状態だ。リスクが大きすぎる。

このように、産業化が進み、国家の規模が大きくなった時代においては、完全戦争はメリットが少なくなった。そのような時代だからこそ、負担を最小限に抑えて大きな利益を獲得するための戦略が求められるようになったのである。

戦略的に成功を収めた湾岸戦争

戦争の終わらせ方を決めて戦略を成功させた事例として、湾岸戦争の展開を見てみよう。湾岸戦争のきっかけは、イラク軍が1990年8月にクウェートに侵攻・占領したことにある。これに対し、アメリカを中心とした多国籍軍は、イラク軍がクウェート人に対して非人道的な行為をしたという名目でクウェートに侵攻、イラク軍と衝突した。軍のトップである統合参謀本部議長として指揮をしたのは先述したコリン・パウエルで、多国籍軍の実質的な総指揮は、中央軍司令官であるノーマン・シュワルツコフが執ることになった。

もちろん、アメリカにとっては名目以上に大事なものがあった。クウェートの石油採掘権だ。この国益を守る必要があったため、石油価格の混乱という事態を最小限に抑えようと、イラク軍を早期に撤退させることを目指した。

多国籍軍のクウェート侵攻によって、イラク軍は1カ月足らずで兵をひくことになったが、ここで注目すべきなのは、パウエル大将もシュワルツコフ大将も、イラク軍をイラクまで追わなかったことだ。多国籍軍は、イラク－クウェート国境で追撃を止めている。

なぜなら、彼らは目的を達成したからだ。それはまさに、戦いの原則（Princeple of War）にある、目的の選択と維持（Selection and Maintenance of the Aim）の履行に他ならない（戦いの原則に関しては、80ページで解説する）。軍の指揮官とブッシュ（シニア）大統領の強いリーダーシップがあったからこそ、戦略的な成功を収めることができたのである。

政治家と軍隊指導者にリーダーシップがあるか

湾岸戦争の戦略的成功からわかるのは、戦争の目的を持つためには、政治家と軍隊の指導者のリーダーシップが非常に重要だということだ。それは国家戦略の有無以前に大変重要なキーである。

たとえ国家戦略が存在していても、軍隊の勝利に国民や政治家が浮かれてしまうと、自国の国力や武力を過信してしまい、停戦のタイミングを逃す恐れがある。戦争の目的は達したのに、ムードに流されて戦争を継続してしまい、それで結局、目的がないまま戦い続けて相手にチャンスを与えてしまう。日本の大東亜戦争は、まさにそのような悪いパターンである（なお、日米戦争は一般的に太平洋戦争と呼ばれているが、この名称はアメリカ側の呼び方であり、日本側は大東亜戦争と呼んでいたため、本書では大東亜戦争という表記で統一する）。

一時的なムードに流されることなく、はじめに決めた戦争の目的達成に集中する。そして、目的を達成した時点で戦いを切り上げ、停戦を模索するのが、正しい指導者のあり方だ。強い意志とリーダーシップを持った政治家や軍人がいてはじめて、国家戦略を遂行することが可能となるのである。

理想的な勝利を収めた日露戦争

戦前の日本においても、政治家や軍人がリーダーシップを発揮して戦略的勝利を収めたこともあった。その代表的な例が日露戦争だ。

大国ロシアに国力の劣る日本が勝利できたのは、陸海軍と政治家があらかじめ目的を定めて戦争を終わらせる道を認識し、その目的達成に集中したからに他ならない。

例えば、連合艦隊司令長官の東郷平八郎は、戦争に勝つためにはロシアの主力艦隊であるバルチック艦隊を全滅させなければならないと考えていた。日本海における制海権を得てロシアを交渉のテーブルにつかせるためだ。大規模な陸軍を有するロシアをその気にさせるためには、世界最強といわれたバルチック艦隊に完全勝利するしかないというのが東郷をはじめとした政府首脳の考えだった。

端から聞けばおよそ不可能に思える作戦だが、日本では東郷の構想を実現するために、政治家や陸海の軍人が足並みを揃えて、目的達成に集中した。

まずは、陸海軍が協力して極東におけるロシアの要衝・旅順を陥落させた。こうして安全な環境を確保した上で、今度は連合艦隊を旅順港に入港させて整備し、さらに射撃訓練を積んで命中率の精度を上げた。迎撃態勢は万全だ。

一方で、バルチック艦隊は、日本と同盟を結んだイギリスの妨害により、ろくに補給もできずにバルト海から日本海へとやってきたため、疲弊しきっていた。

こうした入念な準備が功を奏し、連合艦隊はバルチック艦隊の撃破に成功する。そして、目標を達成した日本は、アメリカのルーズベルト大統領を仲介に立ててロシアに講和を求め、自国に有利な状態で戦争を終わらせることに成功した。政治家と軍人がリーダーシップを発揮して戦争の目的を明確にし、その目的に沿って一貫した国家戦略を遂行した。これこそが、戦略的な成功にいたった理由である。

日本軍はシンガポール攻略時点で和平をすべきだった

このような優れた戦略を実行できた日本が、なぜ大東亜戦争では軍事的な失敗を続けたのだろうか？

大東亜戦争の最大の目的である資源の確保と安全保障地域の確保は、１９４２年2月の時点で完了している。石油はインドネシアから、石炭と鉄鉱石は中国・満州から、米はベトナムから確保し、その時点で戦線を拡大する必要は全くないはずである。

今の私が政策決定の場にいれば、シンガポールを攻略した時点で交渉すべきだと進言しただろう。ミッドウェー、ガダルカナル島、アッツ島へ行く必要は本来はなかった。戦争の目的が達成された時点で講和へとおもむき、和平を結ぶのが当然の政策だ。しかし日本政府はそれをしなかった。

確かに、１９４２年3月までの日本軍の勢いはすごいもので、当時の日本の一般市民は日本軍の完全勝利を信じていた。勢いというのは軍事学上、大変重要なもので、たとえ精鋭の部隊が進出しようが補給が沢山あろうが、勢いがあるかないかで結果が変わってしまうことが多い。

しかし結局、日本軍の勢いは衰えて敗北が続き、敗戦を迎え、２３０万人の軍人と80万人の一般市民が命を落とした。

判断を誤った理由は明確である。大東亜戦争では、日本に国家戦略がなく、強いリーダーシップを持った政治家と軍人がいなかったからだ。

繰り返しになるが、国家戦略とは、国際社会のなかで国益を守ることを目標にし、安全保障戦略や軍事戦略を通じて遂行していく。そうした戦略を遂行していく過程で障害となる国があれば、外交交渉の延長として戦争という選択肢をとる可能性もある。戦争が戦略の一つである以上、何のために戦争をするのか、何をもって戦争を終わらせるのか、戦争の運営や終戦にいたるまでの道を事前に考えなければならない。

戦前の日本は、そうした戦争に対する目的意識が磐石ではなかったということだ。産業力や資源が劣る日本国が勝利するには、どこかで交渉を模索しなければいけなかった。完全戦争をするだけの国力がない日本に選択の余地はなかったはずだが、一時の勝利に目が曇り、指導者たちは適切な判断を下すことができなかったのである。

イラク戦争の失敗①中東の不安定化

さて話を現代に戻そう。大東亜戦争における日本と同じように、アメリカもイラク戦争において悪い結果を迎えている。

第1章でも触れたとおり、イラク戦争は、イラクが大量破壊兵器（核兵器）を所持しているという情報に基づいて始まった戦争だ。しかし、作戦に投入された兵力は2個師団のみ。フセイン政権を倒すことには成功したが、その後にイラクをどう占領するのか、そのプランがはじめからなかった。その結果、テロ組織であるアルカイダや反政府軍の抵抗を抑えきれなくなり、アメリカ政府は米軍を何度も何度も戦地に送って兵力を増強する羽目になったのである。

しかも、当初はアルカイダと反政府軍を抑えることが目的だったのに、次第にイスラム教の内戦を抑えることがメインになった。戦略に一貫性がまるでないのだ。

その内戦がある程度収まったとして、アメリカ政府は２０１１年12月に米軍を撤退させたが、そのときの対応もよくなかった。

多種多様な国には、たとえそれが独裁者であっても、強いリーダーが必要である。そのリーダーなしでは国の求心力は失われ、内戦、あるいは自己破壊へと進んでいく。フセインは、いわば必要悪として存在していたが、彼がいなくなったことで、イラクはパワーバキューム（勢力の無い状態）の状況に陥り、中近東は完全に不安定な世界へと変わってしまった。

そしてアメリカ政府は国内世論の反発を受けて、米軍を中東から引いてしまった。するとどうなっただろうか。中東は不安定なまま紛争が続き、ＩＳＩＳというイスラム教スンニ派の過激派が台頭する羽目になったのである。

フセイン政権時代、イラクは多数のシーア派住民を少数のスンニ派が支配するという構造だった。しかし、フセイン政権が倒れ、シーア派のアル＝マーリキー首相が政権を獲得すると、それまで恩恵を受けてきたスンニ派が反発。この対立にＩＳＩＳが介入してイラクのスンニ派旧軍人を取り込み、勢力を拡大したのである。

イラク戦争の失敗②世界経済の混乱

さらに、イラク戦争は世界経済へ打撃を与える遠因にもなった。６兆ドルという大金をこの戦争に使ったこと、経済が戦争景気を思ったより享受できなかったこと、経済の規制緩和をしたことなどの要素が絡み合った結果、２００８年９月にリーマン・ショックという１９２９年の大恐慌以来の大不況が世界を襲ったのである。

リーマン・ショックとは、投資銀行大手のリーマン・ブラザーズの倒産によって起きた金融危機だ。巨額の負債を抱えて倒産したことで世界市場は混乱し、株価が急落した。記憶に新しい人もいるだろう。

このリーマン・ブラザーズの倒産の主な原因が、低所得者向けの住宅ローンであるサブプライムローンの不良債権化だ。審査基準が緩く、当初は低金利ですむものの、期間が過ぎれば支払い金額が急増するという特徴がある。しかも、対象者は破産経験があるとか借入金が所得の半分以上を占めるとか、普通であればローンを組めないような層だった。金融商品としてはハイリスク・ハイリターンだ。

そして、イラク戦争がこの金融商品売買を過熱させる一因になる。イラク戦争以前からアメリカは不況に悩み、低金利が続いていたが、イラク戦争によって株価が下落し、低金利は長期化することになった。するとどうなったか。低金利の波が住宅ローンにも波及して住宅価格が高騰し、バブルが起こったのである。

そこで政府や中央銀行（ＦＲＢ）は、このバブルを利用して大手金融の経営安定を図り、景気を刺激して不況から脱却しようとした。購入希望者からすれば、所得が低くても、まずはサブプライムローンで金利の低いうちに住宅を購入して、住宅価値が高くなったら他の低金利ローンに切り替えるという方法をとれば、マイホームを安定的に手にすることができる。こうしてサブプライムローンの売買は過熱し、２００６年には住宅ローン全体の13％を占めるほどの規模になった。

要は、景気刺激策の一環としてサブプライムローンが推奨されたわけだが、バブルはいつかははじけるものだ。それは日本のバブルを経験した世代なら、身をもって知っているだろう。しかも、サブプライムローンは返済能力の低い人たちが対象だ。バブルがはじければ債権回収が困難になるのは当然だった。

こうして、サブプライムローンの不良債権をさばききれなかったリーマン・ブラザーズは倒産した。金融危機を食い止めようにも、イラク戦争に巨額の戦費を投入した政府やＦＲＢが、金融機関を救済できるはずはなかった。

これらはまぎれもなく、国家戦略がなかったことで起きた失敗である。バブルという幻想に振り回されて短期的な対策をとったことで、アメリカは一貫性のある国家戦略を実行できなかった。このような失敗を犯さないためにも、経済・政治・軍事にいたる多方面からの考察が必要だ。経済や政治に関しては日本でも分析が進んでいるが、軍事に関しては、まだまだ忌避されていて十分な議論ができていない。そこで次章からは、軍事戦略の基本を通じて、国防に必要な視点を提示したいと思う。

第3章

日本人が知らない軍事戦略の常識

米軍で教える9つの「戦いの原則」

第2章で紹介したとおり、国家軍事戦略とは、戦いに勝つために必要不可欠なものだ。そして戦争とは、国家軍事戦略の目的を実現するための手段である。

では、戦争に勝つためには、軍隊はどのように行動すればいいのだろうか?

米軍を例に考えてみよう。米軍では、戦争を成功させるために9つの「戦いの原則」(principles of war)が将校に叩き込まれる。これは、軍事戦略の基本中の基本である。戦闘が始まれば何が起こるかわからないし、状況を把握するのも容易ではない。そうした不安定な状況であっても冷静に軍事行動を展開できるよう、9条の原則が活用されるというわけだ。

それが以下に紹介する9つだ。

・目的

・攻撃

・物量
・適正な軍事力の投射
・機動
・司令の統一
・安全確保
・奇襲
・単純化

少し細かいが、内容は非常にシンプルで理にかなっている。単純化は最後に確認すべき原則だが、それ以外は順番に関係なく考える。

第2章でも紹介したとおり、最初に挙げた「目的」は、軍事戦略において必須の要素だ。戦争の目的を決め、何をもって戦争を終わらせるか。そこがはっきりしていなかったり、途中でコロコロ変えたりすれば、軍事行動は失敗する。

次の「攻撃」とは、要は先制攻撃のことだ。先に敵を叩いて戦いの主導権を握る。攻撃能力がなければ敵から身を守ることもできないし、敵の勢いを挫くこともできない。

三つめに挙げた「物量」は、戦力を逐次投入せずに一気に投入することだ。イラク戦争の治安維持は、この物量を誤ったことで失敗した。必要な戦力を小出しにすると、同じ量でも結果は大きく異なってしまうのだ。

続く「適正な軍事力の投射」とは、戦いに勝てるだけの兵力を投入するということだ。物量に似ているが、多すぎても少なすぎてもいけない。作戦に見合った兵力を投入するよう軍隊は心がけなければならない。

「機動」はイメージがつきやすいだろう。攻撃を成功させたり、適切な軍事力を投入するためには、自由に動けるように作戦を立てることが、軍隊には求められる。

「司令の統一」とは、一人の司令官によって命令が下されるようにすることだ。命令系統が統一されていなければ、兵士は何をすればいいのか判断ができなくなる。この点は非常に重要なため、109ページでも解説する。

「安全確保」の必要性は言うまでもないだろう。部隊を敵から常に守れるようにしなければ、作戦を実行することはできない。

「奇襲」については、そんなの卑怯だと思う方もいるかもしれないが、先制攻撃は奇襲によって始まる。敵に知らせて攻撃する軍隊など、存在するはずがない。

最後の「単純化」だが、これができていない軍隊は非常に危険だ。作戦が複雑化すればその分手順が増えるし、兵士が理解できない恐れもある。命令がきちんと理解されなければ、せっかくの軍事戦略も水の泡になってしまうため、難しい作戦は避けるべきだ。

軍事戦略から作戦、作戦から戦術へ

さて、軍事戦略の基本をおさえたところで、今度はその原則を踏まえて米軍がどのような戦略をつくっているのか、順番に見ていこうと思う。

アメリカの国家軍事戦略は、統合参謀本部議長によって数年おきに発表される。2017年時点では、2015年7月1日に発表された国家軍事戦略に基づき、米軍は行動している。このときの国家軍事戦略では、新たに中国がアメリカの脅威になりうると発表され、それと同時に、南シナ海における人工島増設を非難する内容も記されていた。ニュースで観たと記憶に残っている人もいるだろう。

そして中国の他にも、ロシア、北朝鮮、イランがアメリカの脅威として指摘されている。これらの四カ国の脅威に対抗するために、各軍が軍事戦略を考案し、統合軍が作戦を展開するというわけだ（統合軍については56ページを参照）。

なお、もともと軍事戦略とは、シニアレベルの軍隊のリーダーたちが討論するものだ。自衛隊だったら2佐以上の幹部が統合幕僚学校に行かなければ対象にはならないし、米軍でも中佐以上の士官がWar College（陸軍大学校、海軍大学校、空軍大学校）に行くまでは対象外にされる（自分の話になって恐縮だが、私は現在この空軍大学校の通信教育を受けている）。

こうして各軍で軍事戦略が考案されると、その軍事戦略に基づいて作戦が立てられる。日本で作戦というと、計画と似たような意味で使われることが多いが、軍事的な定義はきちんと決められている。

作戦とは、簡単に言えば師団単位で行われる軍事行動のことだ。中将以上の将軍が2個師団以上の兵力の指揮をとって目的達成を目指す。これが軍事戦略に基づく作戦の定義だ。時代によって師団の規模は異なるが、1師団は1万5000人ほどになる。ここには戦闘員だけでなく、情報収集や兵站などの人員も含まれる。つまり、司令官の指揮の下、3万人の軍人が一つの目標に向かってあらゆる手をつくすのが軍事戦略における作戦なのである。

この作戦に基づいて、大隊、中隊、小隊、分隊、班ごとに戦術を実践していく（編成は国や軍種によって異なる）。戦術と聞くと兵士個々の戦いをイメージするかもしれないが、分隊レベルでも10人前後が普通であり、各員が連携して戦術を考案・実行していく。

まとめると、軍隊は戦略という大きな視点にまずは立ち、そこから作戦、戦術（大隊↓中隊↓小隊↓分隊↓班）とどんどん目標を具体化していくことで、当初の軍事目的を達成しようとするのである。

MDMPで作戦を立案

それでは、作戦はどのような手段で考えられていくのだろう。司令官が勝手に決めるのだろうか？　もちろん違う。米軍は、作戦を立案するためにMDMP（Military Decision Making Process）、日本語でいえば「軍事決定にいたる過程」という考え方を利用する。

聞きなれない言葉だと思うが、MDMPは作戦立案の基本だ。数万人規模の兵隊を動かす以上、作戦は合理的に考えられなければいけない。そのため、指揮官や士官が軍事決定を誤らないようにきちんと手順が決められているのだ。

今「指揮官や士官」と書いたが、正確に言えば、もともとＭＤＭＰは大隊以上の作戦立案で使われる考え方だ。まずは参謀の士官が、大隊以上の部隊の司令官に対して複数の行動案・分析案を提出する。その提出案から司令官が作戦を決定し、実行を命じて部隊が動いていく。米陸軍なら、司令官は中佐以上の大隊長で、作戦を提案する参謀は、少佐や大尉などが担うことになっている。

作戦を選んだ司令官は、まずは警告命令（Warning Order または WAORD）をすぐに部隊に発令し、それを受けて部隊は作戦命令（Operation Order または OPORD）の作成にかかる。

警告命令は、①状況、②任務（ミッション）、③支援サポート、④命令／通信に基づき作成される。これに対して作戦命令は②と③の間に「遂行」を加えた5段落で作成される。

こうした命令に基づいて作戦が始まるのだが、作戦命令を変更する必要が生じる場合もある。そのときには部隊から変更命令（Fragmentary Order 或いは FRAGO）が発令されて、状況にあった命令に変えるわけだ。変更命令は手順は作戦命令と同じである。

このようなＭＤＭＰの流れに沿って作戦が進行していく。これがより規模の大きい師団などの単位でも活用されているわけだ。

MDMPの具体例

それではMDMPによる作戦立案の手順を見ていこう。基本的には以下の七つの手順を踏む。

1・任務受理
2・任務分析
3・敵のCOA（Course of Action）=敵の予測される行動
4・COA分析
5・COA比較
6・COA認証
7・命令の配布

これだけではわからないと思うので、私の経験を例に説明しよう。

2007年、私の任務は、イラクのバグダッドにあるセーザー空軍基地とバグダッド国際空港を要塞化することだった。

その頃、反政府軍は、セーザー空軍基地や基地に隣接するバクダッド国際空港を狙って107㎜ロケットによる攻撃を繰り返していた。普通なら、コンピュータで制御されたC-RAMS（フェイレン機関砲による迎撃システム）によって107㎜ロケットを撃ち落とすことができるが、ロケットが飛んでくる位置が問題だった。ロケットは滑走路をはさんで発射されてくるため、C-RAMSで迎撃しようにも、飛行機に当たる可能性があった。それを恐れた大隊長は、ミサイルを撃ち落とす命令を出せなかったのだ。

しかも、その107㎜ロケットは精度が悪いせいで飛行機には当たらず、滑走路を越えて、そのままセーザー空軍基地にあるプレハブの兵隊宿舎に突っ込んでくる。それが週に3度も起こっているので、大隊長は私に宿舎を守れと命令したわけだ。

このとき、宿舎を守る選択肢として、①土嚢《どのう》、②T-ウォール（3・7mのコンクリート製の壁）、③ヘスコ防壁（太い針金でサポートされた高さ1・3mの硬いダンボール箱に土を入れた防壁）という三つがあった。

この状況をMDMPに当てはめて作戦を考えると、以下のようになる。

1・任務受領：プレハブの兵隊宿舎を107㎜ロケットの攻撃から守る。

2・任務分析：当時はバグダッドだけでなくイラク全体でコンクリートが不足していたため、T‐ウォールの数が足りない。ヘスコ防壁の数はあるが、風化が早い。土嚢は数が十分あり、安く、ヘスコ防壁ほど風化が早くない。

3・敵のCOA：反政府軍による週3回の107㎜ロケット攻撃は変わらず起こると予想された。

4・COAの分析と比較

COA1（行動案1）：T‐ウォールを使って宿舎を守る。

長所：コンクリート製で強度があり、ほとんど風化することなく長い間そのまま残る。ロケットに対する耐久性は十分ある。

短所：数が足りないため、使用箇所に優先順位を決めなければならない。T‐ウォールをもらえなかった部隊から死傷者が出る可能性がある。すると苦情が出て士気が下がるかもしれない。敵に内情が漏れている場合、一番弱いところを狙うという戦闘の鉄則上、T‐ウォールがないところが狙われる可能性が大きかった。

コンクリート製のT-ウォール（The Official Home Page of the United States Armyより）

ＣＯＡ２（行動案２）：ヘスコ防壁で宿舎を守る。
長所：簡単に組み立てられ、二つ積み上げることで、２ｍ60㎝の高さまでカバーできる。ロケットから攻撃を効果的に防御できる。
短所：ダンボールの紙であることと、上が空いているということで、風化が非常に早い。せいぜいもって１年少しで、古いヘスコ防壁にはあまり防御力を期待できない。
ＣＯＡ３（行動案３）：土嚢で宿舎を守る。
長所：土嚢のバッグは幾らでもある。ヘスコ防壁に比べて風化が遅いので、５年くらいは少なくとももつ。ロケットに対する耐久性も、コンクリート製のＴ‐ウォールには劣るものの、十分強い。
短所：せいぜいもっても５年で、後は風化する。４年後には土嚢の交換が必要。しかも、土嚢に土

ヘスコ防壁。ダンボールの囲いの中に土を入れて壁にする。

を入れ、それを二重で2メートル位まで積み上げていくという、結構な重労働を必要とする。

5・COAの比較：大隊長はCOA3を選択。

6・COAの認証：なし。

7・命令の配合：大隊長がCOA3を選んだので、それに基づく警告命令の製作と配合。

警告命令

1・状況：反政府軍は週に3回107㎜ロケットでセーザー基地の宿舎に攻撃する。

2・ミッション：1週間以内に全宿舎の周りに土嚢を2mの高さまで積み上げる。

3・サービスと支援：大隊S‐4（陸自でいう4課で、支援の参謀部）より土嚢を支給してもらう。道具は全て、S‐4より支給される。

4・指令と通信：部隊に伝令し、作戦命令を考案させる。

では、結果はどうだっただろうか。この作戦を実行した後も、107㎜ロケットによる宿舎への攻撃はそれまでと同じ頻度で続いた。しかし、幸いにもどのロケットも土嚢で守られた宿舎のプレハブの壁を突き抜けることはなかった。

結果的に言えば、私は任務を遂行することに成功したわけだ。正直に言えば、死者を出さずに攻撃を防げたことで、私は非常に安堵した。

もちろん、土嚢でロケットの攻撃から宿舎が守れずに死傷者が出たとしても、私は命令に基づき行動していたため、責任を問われることはない。しかし、感情的になった兵隊と揉めることにはなったと思う。

兵隊たちは、いつ命を落としてもおかしくない環境で命令に基づき行動している。そんな中で作戦がうまくいかずに「命令どおりやっただけだ」といったところで、兵士たちは納得しない。戦場とはそういうところなのである。

さて、話を戻そう。作戦実行後は、ＡＡＲ（After Action Report）、簡単に言えば反省会によって評価をしなければならない。私の場合も、土嚢による宿舎防御を実施した3日後、ＡＡＲを開いて、作戦の成功点や失敗点について各部隊で話し合った。死傷者を出さなかったことで、作戦を肯定的に評価する声が圧倒的に多かった。

このように、ＭＤＭＰによる作戦立案の過程は非常にシンプルで合理的だ。目的をもち、その目的を達成すれば作戦は成功、達成できなければ作戦は失敗、というわけだ。各ＣＯＡで長所と短所を挙げるため、目的が達成できたかがわかりやすく、作戦の評価がしやすい。それに、その評価について皆で話し合うことで、経験を次に生かすこともできる。戦いの原則の一つである単純化がここで生きているというわけだ。

ＣＯＩＮで地元の一般市民の命を守る

作戦の評価の話が出たため、ここで重要な点を指摘しておきたい。

これまでは戦い方の効率化に関することをテーマに書いてきたが、軍事行動は効率がいいだけでは決して成功できない。味方の被害、そして一般市民の被害を最低限に抑えられたかどうかも、その勝敗には含まれるのだ。

私が考案した作戦が評価されたのはなぜか。それは死傷者を出さなかったからに他ならない。それと同じように、一般市民の犠牲を出さないようにすることも、作戦遂行上、非常に重要である。

イラク戦争以降はその重要性が米軍で認識されるようになり、作戦にも反映されるようになった。特にその傾向が表れているのが、ＣＯＩＮ（Counterinsurgency Operations）、日本語でいうと対反政府軍作戦においてである。

ＣＯＩＮとは、簡単に言えば戦地の市民を味方に引き込むための作戦だ。元々はフランス陸軍ガルラ中佐によってアルジェリア戦争中に作成された考え方だが、２００７年にイラク駐留米軍総指揮官に任命されたデヴィッド・ペトレイアス大将によってイラク戦争で本格的に導入された。

なぜペトレイアス大将はＣＯＩＮが必要だと判断したのか？　それは戦地の状況を考えれば自ずとわかる。

戦地では、市民が敵と味方に完全に分かれているケースは稀である。軍隊にとって、ほとんどの市民は敵でもなければ味方でもない。大多数の市民は、軍隊が戦地でどのような行動をとるかによって、立場を変えるものだ。市民の不利益になるような行動をとれば敵になるし、利益をもたらせば味方にもなる。このような多数派を味方にできるかどうかで、作戦の勝敗は決まるのだ。

例えば、反政府組織の拠点となっている町を陸上兵力で制圧する案が出たとする。潜伏先は住宅街に近く、周囲の一般人を巻き込む可能性があったが、敵を倒すチャンスを逃す手はない。結果、市民を巻き込んでしまったものの、見事敵の拠点を破壊することができた。

この場合、敵の拠点を叩くという軍事目的は達成できたことになる。しかし、この街では反政府組織が教育やインフラ整備を行い、市民の支持を集めていた。すると市民はどう思うか。自分たちの生活を守る指導者を殺し、無関係な人たちの命まで奪った軍を敵視し、反政府軍に合流することを考えるだろう。

これでは、反政府組織の力を弱めることができず、逆に市民の支持を得た反政府組織は勢いに乗って、手がつけられなくなってしまうかもしれない。こうした事態を避けるために、戦地では自軍の兵士だけでなく、戦地の一般人の命も守り、味方を増やすことが求められるのである。

それでは、市民を味方につけるために、米軍はどのような対策を講じているのだろうか。意外に思うかもしれないが、米軍は非常に地道な方法で戦地の市民とコミュニケーションをとろうとしている。

例えばイラクでは、学校やモスク、上下水道など、地元の人たちのためにインフラを作ったり、地元の習慣を守り、地元の人たちに尊敬を表した態度で接したりする。ＰＫＯで自衛隊が行っていたような行動を、米軍も率先して行っていたわけだ。

また、イスラム教の習慣を守ることにもかなり気を配っていた。イスラム教徒の女性と直接話さずに親族の男性を通して話したり、イスラム教徒以外はモスクに入らないといったことを遵守したのだ。これがＣＯＩＮである。

実は、米軍はベトナム戦争でもＣＯＩＮを使おうと考えていた。しかし、その行動は矛盾していた。ＣＯＩＮでは、市民の犠牲を少なくすることが非常に重視される。にもかかわらず、米軍はベトナム戦争で軍民のBody Count、つまり、一般市民を含めた死体の数で自軍の勝利を計るという失敗を犯したのである。

戦争に勝つためにと一般市民を殺しておきながら、一方でＣＯＩＮによってベトナムの一般市民を守ろうとする。これは明らかに矛盾である。

このベトナム戦争における過ちを脱ぎ捨てるように、ペトレイアス大将はイラク戦争においてＣＯＩＮを正しい方法で実行した。そのお陰で、２００８年のイラクは２００７年とは比べ物にならないほど平和になった。その平和は、２０１１年に米軍がイラクから撤退するまで続いたのである。

ＣＯＩＮは、このペトレイアス大将とアフガニスタン戦争の司令官だったマクリスタル大将が先任者だ。マクリスタル大将はグリーンベレー出身の変わり者で、毎朝13キロを走り、睡眠時間は4時間、1日1食しか食べないことを日課にしている。司令官在任中、ローリング・ストーンズ誌のインタビューで副大統領ジョン・バイデンの悪口を言って解任されたが、軍事的な功績は非常に大きい。マクリスタル大将も、ベトナム戦争の失敗が身にしみていたのだろう。同じ失敗を繰り返さないと決意して新しい戦争に適した作戦を考案し、それを見事に戦場で成功させた（なお、２０１７年5月下旬には、マクリスタル大将をモチーフにブラッド・ピッドが主演を務めるネットフリックス映画『ウォー・マシーン：戦争は話術だ！』が配信されている）。

ＣＯＩＮを実施するには、高度な組織力が必要不可欠だ。ペトレイアス大将指揮下のイラク駐留米軍は、指揮官、兵力、戦略、装備などが高いレベルにあったことでＣＯＩＮを実施できた。マクリスタル大将が赴任したアフガニスタンの場合も同じだ。逆に言えば、ペトレイアス大将赴任前のイラクで米軍が軍事行動を思ったように展開できなかったのは、実践的なCOINを遂行していなかったからなのである。

軍種ごとの軍事戦略を探る

さて、ここまでの解説で作戦の考え方についてはだいたい理解していただけたと思う。戦いの原則に基づいて作戦を効率化し、一般市民へも配慮をする。それらは軍隊が作戦を遂行する上で欠かせない要素だ。

そうした基本をおさえたところで、今度は軍種ごとの軍事戦略について解説しようと思う。ご存知のとおり、米軍は四つの軍隊で構成されている。陸軍、海軍、空軍、海兵隊の四軍だ。作戦の考え方は各軍で共通している点が多いが、軍種によって役割が異なる以上、軍事戦略も当然異なってくる。

各軍の軍事戦略はどのような意味を持つのか。その答えを知るために、ここからは、私の経験を踏まえて空軍と陸軍の軍事戦略について解説しようと思う。海上軍戦略（海軍と海兵隊の軍事戦略）は私自身の軍隊経験とはかなり離れているので、まずは身近な空軍戦略について説明し、続いて陸軍戦略について説明したい。そしてこれらの軍事戦略を対比させ、海上軍戦略の基本的なことも踏まえながら、軍事戦略の重要性の話を進めていこうと思う。

制空権を確保する

それでは早速、空軍の戦略を見ていこう。

2017年時点の米空軍は、2015年に発行された米空軍戦略（USAF Strategic Master Plan）に基づき行動している。

その基本は、「空中と宇宙で自由に行動し、戦闘が起きた場合には勝利すること」という非常にシンプルなものだ。その基本を守るために、米空軍はエアパワー（航空機）とスペースパワー（衛星、ロケット、大陸間弾道ミサイル）を備えている。これらの能力を使用し、米空軍は戦略を考えるわけだ。

制空権は空軍戦略の要である。敵から身を守り、自軍の被害を抑えながら敵を攻撃するためには、空の安全を確保することが非常に重要なのだ。

制空権を確保できなければ、味方の陸上戦力は空中から敵の攻撃を受ける恐れがある。

味方の行軍、輸送、拠点の設営などを成功させるには、空からの脅威を取り除かなければいけないのである。

さらには目標を攻撃するために、自軍の航空機が作戦空域を自由に飛びまわれるようにする必要がある。敵の航空機に襲われる危険があれば、作戦に投入できる航空機の数を確定させることができず、任務に支障をきたしかねない。作戦の成功率を上げるためには、360度の空間を自由に飛びまわれるようにしなければいけないのだ。

もう少し詳しく言えば、速度、航続範囲、上昇力、運動性能、高度にいたるまで、物理的な障害に邪魔されずに作戦を遂行できれば、制空権は確保できているといえる。

そして制空権を確保できれば、今度はそれを維持して敵に対する優位を継続していくことになる。これが空軍の基本である。

情報戦の必須課題　制宙権の確保

それでは、もう一つの基本である「宇宙で自由に動くこと」、すなわち、制宙権の確保が必要なのはなぜだろう。

映画スターウォーズでは、デス・スターという惑星並みの巨大兵器が宇宙空間から星を破壊するシーンが描かれるが、当然ながら、現時点の技術水準からいえば、制宙権を確保したからといって、宇宙空間にそのような攻撃兵器が配備されることはない。

制宙権確保の目的は、攻撃兵器の配備ではなく情報網の強化である。衛星を利用すれば、他国の情報を収集して特定人物を監視し、さらには紛争地帯の偵察、本国と派兵先との通信機能の強化を実施することができる。

情報は戦争に勝つためには絶対に欠かせない要素だ。だからこそ、アメリカは宇宙開発における主導的な地位を守ろうと、制宙権の維持に力を入れている。

中でも神経を尖らせているのが、衛星に対する脅威だ。現在、地球の軌道上には4400機以上の人工衛星が旋回しており、その周りには衛星の残骸やロケット打ち上げ時のパーツが宇宙ゴミとなって漂っている。

ゴミといっても、侮ってはいけない。小さな破片程度の宇宙ゴミであっても、衝突時の速度は秒速10キロメートルを超えるといわれており、衛星を破壊する恐れがあるのだ。そのため、アメリカはレーダーで宇宙ゴミを監視し、衛星への被害を抑える努力をしているのだが、2015年には中国が自国の衛星をミサイルで破壊する実験を行い、宇宙ゴミを

スペースXの打ち上げロケットファルコン9。米空軍はこうした民間企業を活用して軍事衛星などの打ち上げを行っている。

拡散させている。アメリカからすれば、こうした中国の行動は脅威でしかない。

また、現在は世界的に衛星打ち上げが過熱しており、各国が制宙権の確保にしのぎを削っている状況だ。

NASAのスペースシャトルは引退したが、技術が進歩し、コストを抑えて衛星が打ち上げられるようになったことから、民間企業が宇宙開発事業に参入し、衛星打ち上げ実験は世界的に勢いを増している。2017年5月1日に米国家偵察局の「NROL-76」打ち上げを担ったスペースXのように、軍事衛星の打ち上げも民間の企業が担うようになってきた。

しかも、中国やロシア、EUなども軍事衛星を含めた宇宙開発には積極的だ。こうした状況を考慮すると、今後は民間企業を巻き込みながら制宙権をめぐる争いが展開していくことになるだろう。日本はアメリカや欧州の後塵を拝しているが、情報戦を勝ち抜くためには、このままではいけない。研究分野中心の活用だけでなく、安全保障の観点からも、それなりの活用方法を考える必要があるだろう。

空軍戦略を実行する上で必要な能力

そして、ここからはあまり知られていないと思うが、米空軍が基本の7条に基づき戦略を考える際には、以下の要素からアプローチする。それが「二つの戦略的必要性」と「五つの戦略的傾向」だ。

少しわかりにくいが、そう難しい話ではない。戦略的必要性というのは、「戦略を実行する上で必要な能力」という意味だ。その能力が、機敏性と包括性である。

一つめの機敏性には、訓練と教育による能力発展、作戦上の訓練と活用性、機敏的な組織がある。空軍は先陣を切って軍事行動をすることが多いため、このようなフットワークの軽さが求められる。

二つめの包括性とは、簡単に言えば規模のことだ。空軍の組織規模、アメリカ文化の影響が及ぶ規模、同盟国とのネットワークの規模が含まれる。

誤解を怖れずに言えば、米空軍においては、作戦を実行する上ではやく動けて規模が大きいことが非常に重視されるのである。

空軍の五つの目的

では、戦略的傾向とはどのような意味なのだろうか？　これも言葉だけを見るとよくわからないが、要は米空軍の「課題」とその課題を解決するための「戦略」のことである。そして、予算、編成、作戦の観点を中心に、この目的の達成が実現可能かを考えていく。

第1の傾向は、「21世紀にあった効果的な抑制力を作る」ことだ。

米空軍の抑止力で最も優先順位が高いのは、言うまでもなく核兵器である。人類を滅ぼしうるほどの威力がある核兵器の登場によって、大国間の戦争は抑制されるようになった。これに依存のある人はいないだろう。一度使われたら最後、核による報復合戦が始まり、世界中で人が死ぬことになる。米ソ両国がこうした共通認識を持ち、「核兵器は使用されないことに意味がある」とみなしていたからこそ、戦後の世界秩序を維持することができた。

しかし、冷戦期の米ソ対立の経緯を思い出すとわかるとおり、核の抑止力だけで争いがなくなるほど世界は単純ではない。大国同士が核兵器を使用しなくても、大国の利益を代理する限定的な戦争や紛争が世界各地で起こり、依然として抑止力は必要だった。だからこそ、米軍は戦後から現在にいたるまで、核に代わる効果的な抑止力の開発に力を入れているのである。

現在、米軍の抑止力として機能しているのは以下の四つが中心だ。

1・核兵器
2・化学兵器／生物兵器
3・サイバースペース攻撃
4・ISR（諜報、監視、偵察）

このうち、ISRについては、第2の傾向とも大いに関係がある。

第2の傾向とは、「強靱で柔軟なグローバル的ISR能力を維持すること」、つまり、情報戦能力の強化である。

敵を発見し、その能力を見極め、対抗策を講じるには、情報が必要不可欠だ。特に軍事戦略において先陣を切ることの多い空軍には、攻撃や奇襲を成功させるために、正しい情報が求められる。敵のAIDS（Advanced Integrated Air Defense System,最新の対空防衛システムのこと）や電気磁力への抵抗力、弾道弾やクルーズミサイル、サイバー攻撃などの情報を集めることが、非常に重視されるのである。

また、情報戦能力は強力な抑止力となりうる。アメリカのように、情報ネットワークを世界中に張り巡らし、軍事情報や企業の経済活動、国家間の政治取引など、ありとあらゆる情報を網羅する国は、駆け引きのカードが多い分、交渉を優位に進めることが可能だ。核兵器や通常兵器のようなハードによる抑止力ではなく、情報というソフトによる抑止力においても、アメリカは地位を守るために対策を欠かしていない。

続く第3の傾向は、武力を集中できるようにすることだ。それも、あらゆる可能性に対処できるようにしなければならない。機動の自由を確保し、技術と能力を作戦区域に集中する。テロやゲリラ活動の対処においては、作戦が継続できる能力も維持するように努める。これが第3の傾向である。

第4の傾向は、「米空軍の基本の五つのミッション」を常に多種分野から探求するというものだ。制空権と制宙権、ＩＳＲ能力、緊急移動能力、世界規模の攻撃範囲、指令・コントロールの五つを研究してその精度を上げることが第4の傾向である。

空・宇宙・サイバースペースと作戦範囲が拡大している現在、作戦能力を向上させることは喫緊の課題である。多種の兵器や作戦分野を統合し、より効果的にするためには、第4の傾向にあげた五つのミッションの探求が欠かせない。

そして最後の第5の傾向は、形成を一変させるテクノロジー探求を続けることだ。

冷戦の終結で世界的に軍縮が広がっているが、テクノロジーは日進月歩で進化を続けている。そうした最先端のテクノロジーを軍事的に活用できる道を探し、自軍に有利な環境をつくることを、米空軍は非常に重視している。

これに加えて、新しい技術に対応できるよう組織をスピーディーに変化させていくことにも米空軍は注力している。航空、宇宙、サイバースペースのすべてにおいて有利な地位を守るために、技術開発や応用研究・人材育成に莫大な資金を投入しているのだ。

こうした姿勢を貫いてきたことで、ジェットエンジンが進歩し、核兵器が生まれ、宇宙空間上には数多の衛星が浮かび、そしてステルス、サイバー攻撃、UAVなどの無人飛行機が生まれた。これは「形成を一変させるテクノロジーをつくる」という課題を解決するために、兵士や職員が意識を共有して任務を遂行していたからに他ならないのだ。

以上の五つが、戦略的傾向の中身である。これら五つの傾向に対して、米空軍は自軍の人材・形勢・展開能力・技術力を顧みて、機敏性と包括性を維持しながら対処案を形成していく。これが米空軍戦略の概略である。

制空権を維持するための7か条

さて、米空軍が制宙権と制空権の確保に力を入れている理由や基本的な戦略は、これでわかっていただけたと思う。それではここからは、米空軍が戦略を実行する際に、どのような考え方に基づいて作戦を展開していくのか、つまりは作戦遂行の基本方針は何かを解説したいと思う。

作戦遂行の段階において、米空軍は七つの基本方針に沿って行動を決定する。これは米空軍に所属する者なら司令部やパイロットでなくても必ず知っておかなければならない、大変重要な方針だ。

第1条は、指揮を中央に集中させることと、執行を個別の判断に任せることである。まずは情報を司令中枢に集め、常に新しい情報に更新していく。そして必要な情報を各戦闘機に送り、パイロットはその情報を元に敵機攻撃の判断を下す。こうすることで、司令部は刻々と変わる戦況に臨機応変に対処することができるし、攻撃をパイロットの裁量に任せることで、無駄なく任務を遂行することができる。

第2条は、柔軟性と汎用性だ。簡単に言えば、一つの性能が突出している兵器ではなく、どんな任務にも対応できる兵器を投入することである。

例えば、50年以上現役で活動しているB52爆撃機は、通常爆弾、対艦ミサイル、トマホークなどの多様な爆弾を搭載可能で、破壊力が大きい。このようななんでもできる兵器を使うことが空軍では望ましいとされている。

第3条は、優先順位である。第2条の柔軟性とも関係してくるが、要は優先順位を決めた上で作戦を遂行し、作戦遂行が難しければ別の方針に切り替えることだ。

1973年に起きた第四次中東紛争を例に考えてみよう。

ことの発端は、エジプト軍によるイスラエル奇襲である。これに対し、越境してきたエジプト陸軍を攻撃するためにイスラエル空軍が出撃したが、エジプト軍は対空ミサイルと対空戦車による「ミサイルの傘」でこれを撃破。イスラエル軍は開戦2日目までで35機の損害を出してしまった。

しかしこのとき、イスラエル軍は優先順を考えて作戦をすぐに変更した。損害を出した地域での飛行は禁止して、自国とシリア、エジプト上空の制空権を確保する作戦に切り替えたのである。その結果、イスラエル空軍も損害を出したものの、シリア、エジプトの戦闘機を250機以上撃墜し、目的の制空権を確保することに成功した。

このように、不利な状況になったら無理に作戦を続けず、優先順位に基づいて臨機応変に対応を変えることが、空軍には求められるのである。

続く第4条は、シナジェティック、同時発生である。身軽に動けるという空軍の特性を生かして、航空戦力を同時に投入することだ。防空システムを破壊して、間髪入れずに別の航空戦力が司令部に攻撃を加える。こうすることで、短時間のうちに戦闘を終わらせることが可能となる。

第5条は執拗さで、攻撃を何度も何度も繰り返し行うということである。攻撃を繰り返すことで、敵の防御能力や攻撃能力を破壊するだけでなく、士気を挫くこともできる。攻

空襲を受けたロンドン。ドイツ軍の爆撃が集中したため甚大な被害を受けたが、その間に英空軍は立て直しに成功し、結果的にドイツ軍は撤退することになった。

撃される側からすれば、たまったものではないだろう。だからこそ、敵が諦めるまでしつこく攻撃を続けるわけだ。

第6条は集中である。わかりやすいのが、第二次世界大戦中のバトル・オブ・ブリテンにおけるヒトラーの判断ミスだ。

当初のドイツ軍は、制空権を確保するために英空軍基地へ波状攻撃を加え、イギリスの航空能力の破壊に集中していた。この作戦を続けていれば、ドイツ軍は制空権を確保してイギリス本土に地上軍を投入することもできたかもしれない。

しかし、ドイツ空軍がロンドン市内に誤爆したことで形勢は変わってくる。ロンドン爆撃の報復として英空軍がベルリンを爆撃すると、ヒトラーはこれに激怒し、空軍基地破壊作戦をやめてロンドン市内へ爆撃を集中させてしまったのである。

これによってロンドンでは4万人以上の民間人が犠牲になったが、その代償として英空軍は基地を修復して態勢を立て直すことに成功した。結局、ドイツ軍は制空権を確保できずにイギリス本土上陸を諦め、戦いは英軍の勝利に終わった。ヒトラーが攻撃の集中先を感情的な理由で変えたことで、ドイツは敗れたのである。

そして第7条はバランスである。戦いの原則で「適切な軍事力の投射」を紹介したが、それと同じように戦力を無駄に投入せずに、必要な分だけ投入することだ。

米空軍は、これらの7条に沿って制空権を確保するための作戦を実行していく。なお、作戦時はこれらを順番に考えていくのではなく、すべてを同時にチェックする。

実際に作戦を実行する際には、米空軍の他に海軍や海兵隊の航空隊も作戦に参加することになるが、それらの部隊もここで紹介した7条をきちんと理解して行動する。同じ思考方法で作戦を考えているからこそ、作戦を円滑に進めることができるのである。

米陸軍が直面している五つの課題

それでは米陸軍はどのような戦略を持っているのだろうか？

２０１３年に発行された米陸軍戦略（Army Strategic Planning Guide）では、現在米陸軍が直面している五つの課題（米空軍戦略では五つの傾向と呼んでいたもの）に焦点を絞っている。その五つの課題とは下記の通りである。

１・対反政府軍作戦（ＣＯＩＮ）において、フルレンジで地上軍指令官たちの要求を満たすことのできる能力を持つこと
２・陸上戦において最も効果的な能力を持つこと
３・新しいテクノロジーを絶えず探求すること
４・米陸軍の近代化
５・サイバー攻撃や宇宙空間の攻撃を可能にすること

ご覧いただくとわかるとおり、空軍戦略と陸軍戦略は多くの点で共通している。五つのうち、２、３、５はまったく同じだし、４の近代化も、空軍のＩＳＲの進歩と同じことを言っている。おそらく、２０１５年に発行された米空軍戦略は、かなりの部分をこの米陸

軍の戦略を参考にしたと考えられる。

陸軍戦略と空軍戦略の違い

大きな違いは二つだ。一つめがCOINの有無である（COINの重要性については93ページを参照）。

私はイラクに3度、アフガニスタンに1度派兵されたが、問題と苦労が一番多い作戦は、やはりCOINだった。敵でも味方でもない現地の人たちといかに付き合い、敵にならないようにするか。言語の壁や習慣への理解を示しながら現地人と友好な関係を築くのは容易ではない。

これには陸空軍だけでなく、海兵隊も苦労している。海兵隊の一番の失敗は、2005年11月19日に起こった、ハディサの虐殺である。

ハディサの虐殺とは、イラク中西部のハディサにおいて、海兵隊の小隊が無抵抗のイラク市民24人を虐殺したという事件である。虐殺という痛ましい事件が起こったことは残念だが、問題はこの事件に対する海兵隊の対応である。一人は降格処分を受けたものの、事件に関わった他の兵士や下士官、士官は全員無罪となったのだ。

事件に関わった大隊長の中佐と中隊長の2人の大尉は隊長職から解任されたものの、処罰はなし。8人中、有罪判決を受けたのは虐殺を先導した軍曹だけで、この軍曹も二等兵に降格しただけですんでいる。

この決定に、イラク国中が激怒した。24人の一般市民が殺されたのに、誰一人刑務所には行かない。新米派であるアル=マーリキー首相ですらこの事件には怒りの声を上げた。結局、米軍にはCOINに対する理解が広まっていなかったということなのだろう。

地上作戦を経験した陸軍や海兵隊なら、現在は知識が蓄積されているかもしれないが、地上戦の経験が少ない空軍は、今でもCOINの重要性がよくわかっていない。

だが、これからの戦争は、人を殺す以上にCOINによって民間人の命を守ることが重要になってくる。経験上、断言できる。軍種の区別なくそれができなければ、戦いの火種はくすぶり続け、いつかは爆発するだろう。それは紛争地におけるゲリラ活動というかたちで表れるかもしれないし、世界各地で市民を狙ったテロというかたちで表れるかもしれない。そうした事態を避けるためには、戦場において民間人の理解を得ること、さらには民間人の命を守ることが重要だということを、日本人にも覚えておいてもらいたい。

二つめの違いは、抑止力の有無である。

空軍や海軍とは異なり、陸軍は核兵器を保有していないし、コントロールの難しい化学兵器・生物兵器を抑止力にする気もない。それどころか抑止力という考え方自体が米陸軍にはない。ＩＳＲでさえ抑止力として積極的に活用していないのだ。

その理由は、米陸軍の目的が「陸上支配の継続」という点に集中しているからだ。

敵地を陸上支配するには、抵抗勢力と交戦し、危険を排除する必要がある。その場合、核兵器のような抑止力が効果を発揮するだろうか。前述したとおり、核は使われないことに意味がある。乱暴に言えば、核兵器は脅しのための兵器である。使えば多くの人を殺してしまうし、環境を汚染してしまう。そんな兵器を陸上支配の確立を目指す陸軍が持っていても意味はないのだ。

これは抑止力全般にいえることだ。非人道的な生物兵器を使用すれば国際社会から批判を受けるのは目に見えているし、空軍や海軍と比べて陸軍は活動範囲が狭いため、ＩＳＲを強化しても効果は限定的だ。このような理由から、陸軍戦略では抑止力に触れていないのである。

アメリカが保有する戦略原潜オハイオ級原子力潜水艦のミサイルハッチ

海軍戦略の基本は抑止力

最後に海軍の戦略についても見ていこう。

海軍の基本的な役割は、抑止力である。海上を自由に航行し、戦闘において勝利することももちろん重要だが、米海軍がこれまで果たしてきた役割の中で一番目立っているのは抑止力による敵への威嚇だ。

そして、海軍の抑止力として効果が高いのが戦略原潜である。戦略原潜とは、核弾頭を搭載している原子力潜水艦のことである。現在、戦略原潜を保有しているのは、米英仏露中の5カ国のみ。これらの国は、戦略原潜の運用を国家戦略のなかで位置づけて、他国の脅威に備えている。

地上から発射され宇宙空間を経由して目標に向かっていくＩＣＢＭ（intercontinental ballistic missile）、日本語でいえば大陸間弾道ミサイルなら、衛星やＵＡＶで即座に探知することができる。しかし、戦略原潜による攻撃は、いつどこから行われるかが察知しにくい。だからこそ、抑止力として非常に強力なのである。

実際、冷戦期には潜水艦から発射する弾道ミサイルＳＬＢＭ（submarine-launched ballistic missile）の開発が米ソ間で過熱し、射程は７０００キロを超えるものもある。理論上、原子力を動力に動く原子力潜水艦には航続距離に制限がないため、これにＳＬＢＭを搭載すれば、地球の裏側であっても攻撃することが可能となる。北朝鮮がＩＣＢＭだけでなく、ＳＬＢＭの発射実験を繰り替えすのも、このような強力な能力があるからこそだ。

とはいえ、空軍の場合と同じく、国家戦略レベルの戦略原潜が実際の攻撃に使われることはまずない。そのため海軍も空軍と同じく他の抑止力強化にも力を入れている。

代表的なのは空母だろう。現代の技術水準では、船というより動く基地と言ったほうがいい。機動力のある航空機を多数搭載できる空母は、抑止力として非常に大きな威力を持っている。

その効果を世界中に見せつけたいい例が、1995年に発生した第三次台湾海峡危機だ。これ以前にも、中国と台湾との間で軍事的緊張が高まることはあったが、第三次台湾海峡危機では、アメリカによる強力な軍事行動が非常に印象的である。

台湾総統選挙が近づいた1995年、中国は民主化路線を強める台湾の李登輝《りとうき》総統を脅すために、弾道ミサイルを台湾北部の海域に発射した。これに対し、アメリカは台湾海峡に2隻の空母を派遣して中国を威嚇。この巨大戦力を前にして、中国は何もできずに米空母の航行を許してしまう。空母による威嚇に、打つ手がまったくなかったのである。

また、北朝鮮による弾道ミサイル発射実験に対して、トランプ大統領が原子力空母カールビンソンを中心とした空母打撃群を朝鮮半島に派遣したのも、同じく抑止力の行使にあたる。

空母打撃群とは、空母を運用する際の戦闘単位のことで、現在では6隻編成で行動することになっている。イージス艦や原子力潜水艦、補給艦、ミサイル駆逐艦などで編成され、総乗員数は7000人を超える。その軍事的圧力は並み大抵のものではない。

こうした展開能力の高い兵器を運用して抑止力を維持し、海上における自由を確保することが、米海軍戦略の基本である。

戦略上、日本は核を持つべきなのか？

ここまで米軍の軍事戦略について解説してきたが、各軍に共通する目的は、現実の問題に対して解決案を作ることである。直面している課題を正確に捉え、持っている能力を客観視して解決案を考えていく。これは米軍のみならず、世界における軍事戦略のベースである。

残念ながら、日本にはこのような世界レベルの軍事戦略は存在しない。憲法によって戦力の保持が禁止されているため、攻撃兵器は持てないし、自衛官も基本的には自衛以外には発砲が許可されていないのが現状だ。空自は2014年8月1日に航空研究センターを新設し、戦略理論研究室を設置することを発表したが、いまだ研究段階で、実際に活用できる戦略はつくられていない。

法律上の課題があることは承知しているが、私から言えることは、自衛隊が国防を担う組織である以上、軍事戦略を考えて目的を決めなければ、いざというときに作戦は時勢に流されて場当たり的なものとなり、一般市民や自衛官の命を危険にさらす恐れがあるということである。国を守る以上、軍事戦略は必要だ。

空自との交流経験から言わせてもらうと、本章で紹介した米空軍戦略は、空自の戦略としても十分使えると思う。もちろん、航空自衛隊が自ら見出した戦略のほうがいいに決まっているが、空軍の特性を考慮して考えられた米空軍戦略をベースに戦略を考えれば、作業を楽に進めることができるはずだ。

ただ、抑止力に関しては、アメリカと同じようにはいかないだろう。

現在、抑止力として効果が一番大きいのは核兵器だ。日本でも核兵器で武装すべきだという意見が一部で根強くあるが、はっきり言って現実的には難しい。

確かに、日本には原発があるし、Ｈ２Ａロケットやイプシロンといったロケット技術もあるため、技術的に言えば核兵器をつくることは可能だろう。そうした意味では、日本は準核兵器保有国だといってもいい。

しかし、抑止力とは、相手に攻撃をためらわせるだけの破壊力を秘めていなければならない。撃ったら同じ威力で撃ち返される。そうした恐怖感から相互に使用がけん制されるわけだが、それには実物が必要だ。技術があるといっても、実際に核兵器を持っていなければそれは抑止力とはなりえない。

それならば核兵器の開発が必要だ、と思ったとしても、そこには大きなハードルがある。まず、中国や北朝鮮が反発し、それを口実に軍事力を増強しようとするだろう。核実験を正当化させ、歯止めが利かなくなる恐れがある。それに、核の拡散は世界を不安定化させることになるため、アメリカも絶対に認めない。

そもそも、唯一の被爆国として戦後を歩んできた日本が核兵器を保有するということが、果たして日本の国益にかなうのか、きちんと考えなければならない。アメリカの核の傘に入っている日本がわざわざ核兵器を保有する意味を、軍事以外の多角的な視点からも考えなければいけない。アメリカの反対を押し切って核兵器を造ることになったとしても、実験から始めて数年はかかるため、その間に国連やアメリカから何らかの制裁を受けることも予想される。将来的には核が必要になるかもしれないが、今はそうした大転換を目指すよりも、軍事戦略の範疇で抑止力を強化した方が現実的ではないだろうか。

米空軍戦略では核兵器のほかに化学兵器・生物兵器が抑止力としてあるが、これも人道的な理由から国際社会で使用が禁じられているのだから、これから日本が保有することがメリットになるとは考えにくい。また、コントロールが難しく、風や地形に左右されて友軍を殺してしまうという可能性もあるため、軍事的な観点からいってもすすめることはできない。

そうなると、現状ではサイバースペースへの攻撃か、ＩＳＲ（諜報・監視・偵察）が抑止力の選択肢として考えられるが、どちらか一方だけでは抑止力としては効果が薄い。サイバー攻撃の軍事的な影響力は不明確な点が多いし、ＩＳＲも、あれば友軍に有利になるが、壊滅的な破壊力があるわけではない。

以上を勘案すると、現状で空白が抑止力を強化するには、サイバースペース攻撃とＩＳＲを組み合わせて情報戦における精度を上げるのがいいのではないかと思う。核や生物兵器などに比べれば抑止力の効果は小さいが、何もしないよりははるかに意味がある。

このような認識は、日本でも徐々に広がっているように思う。日本政府は２０１７年の予算に「実戦的サイバー演習の実施体制の整備」という項目を盛り込み、自衛隊の通信インフラに対するサイバー攻撃を想定した訓練ができるよう、防衛省内に訓練環境を整えると発表。さらに、自衛隊ではシステムを攻撃する侵入テストを行っている。

ＩＳＲ能力の強化に関しても、近年は積極的だ。２０１５年10月に防衛装備庁を設置し、国内における軍事研究に力を入れ始めていることから、新しい抑止力となりえるテクノロジーが日本で発明されるかもしれない。

ただ、心配なのはきちんとした戦略があるのかどうかだ。先に挙げたサイバー防衛に関しては、防衛を担当する「サイバー防衛隊」の人員が100人前後と少なく、今のところ大規模なサイバー攻撃を防げるのかは怪しい。しかも、サイバー防衛はできたとしても、憲法との関係でサイバー攻撃はできないのではないかという懸念もある。

また、防衛省は2020年以降にアメリカのUAV「グローバルホーク」を三沢基地に配備していくと発表しているが、その台数はたったの3台と心もとない。三沢基地への配備を決めたのは、三沢の米軍基地においてグローバルホークが運用されており、運用ノウハウを吸収できるからだと考えられるが、それならなるべく早期に導入して、ISRの強化を急いだほうがいいだろう。在日米軍と協力できるというメリットがあるのだから、それを生かして、抑止力の強化に努めてもらいたい。

在日米軍基地は何のためにあるのか？

ここで在日米軍の話が出たため、今度はその機能や役割についても解説したい。在日米軍基地は、日本にとっては他国への抑止力であると同時に、アメリカの軍事戦略にはなく

在日米軍基地の司令部がある横田基地の管制塔

てはならないものだ。

なぜ米軍基地があるのか、どのくらいの兵力が日本に展開されているのか、北朝鮮が在日米軍基地を攻撃目標にすると言っているのはなぜなのかなど、知っておくべきことはたくさんある。日本では問題視されることも多い在日米軍だが、まずは何のために展開しているのか、そこから見ていこう。

日本の外務省が発表する資料によると、在日米軍の兵力は2013年末時点で約5万4530人となっている。島国である日本に展開していることから海上兵力が占める割合が大きく、約3万9810人が米海軍・米海兵隊の所属である。この規模は、世界中に展開されている米軍基地の中でもトップクラスに位置している。

なぜそこまで多くの兵力が集中しているのか？　それは、米軍が世界展開をする上で、日本列島が戦略的に非常に重要な場所にあるからだ。

例えば、日本の港を海軍基地として利用できることは、アメリカにとって非常に大きなメリットだ。日本列島を拠点に置くことで、中国はもちろん、インド、中東、アフリカ、西大西洋といった広範囲を米軍は活動することが可能となる。

しかも、治安が安定していて反米感情も比較的ないため、軍事行動をする上で環境が非常に恵まれている。実際、反米感情の強い基地に赴任したことのある米軍人が日本の基地に赴任すると、その環境の違いに驚いて、親日的になることが少なくない。

このような好条件が揃っているため、日本に展開する各基地はアメリカ本土並みの軍事インフラが整備され、戦略的な拠点として機能しているのである。

在日米空軍の中枢・横田基地

それでは、数ある在日米軍はそれぞれどのような役割を担っているのだろうか？

まずは空軍基地から見ていこう。在日米軍の空軍基地の中で一番重要なのは、東京都福生市にある横田基地だ。2012年には空自もここに基地を構えている。

なお、私はこの横田基地本部において、2006年から2010年まで、憲兵隊の副官と、第5空軍本部の7S課の副官を兼任して支援作業にあたっていたため、大変馴染みの深い基地である。

話を戻すと、横田基地が重要なのは、ここに第5空軍の司令部と在日米軍の司令部があるからだ。第5空軍とは、在日米空軍のまとめ役である。この第5空軍の司令官は、在日米空軍の司令官であると同時に、在日米軍の司令官も務めている。少しややこしいが、第5空軍＝在日米軍のトップと覚えておくとわかりやすいだろう。

軍人や国防省のスタッフなどが集まって作戦を立案したり、後述する日米合同演習の計画・指揮をしたりするのが司令部の任務だ。

その作戦領域は非常に広範囲だ。第5空軍司令部は、横田基地を拠点に各在日米空軍基地の部隊を指揮し、アラスカやパナマといった南北アメリカ大陸や、カンボジア、インドネシアなどの東南アジアをカバーしている。

また、横田基地には第374空輸団という輸送部隊も配備されている。C130という半世紀以上も現役の輸送機を中心とした部隊で、この部隊のおかげで、横田基地はアメリカ本土、西太平洋、アジアを結ぶハブ基地として機能しているのである。

さらには医療用ジェット輸送機Ｃ９を展開する医療空輸中隊も第３７４空輸団には含まれているし、基地には病院施設も備わっている。太平洋空軍の作戦領域に出動したり、傷病兵を受け入れたりするための機能だ。

まとめると、横田基地は在日米軍の司令中枢であり、さらにはアメリカ本土から太平洋、アジアにいたる広範な地域の輸送中継基地だと言える。フィリピンや韓国にも米軍基地はあるが、地理的条件や設備の質を考えれば、拠点としての機能は横田基地でなければ務まらないだろう。

在日米空軍の戦闘・偵察部隊

それでは、横田基地から指示を受ける部隊にはどのような特徴があるのだろうか？

青森県の三沢基地には、第35戦闘航空団が配備されており、第13戦闘機航空隊と、第14戦闘機航空隊がその中心を担っている。なお、航空団という部隊単位では、だいたい50～

100機の戦闘機で編成され、その下に○○群、○○隊が編成される。

この二つの航空隊で運用されているのが、第4世代戦闘機F16C／Dだ。最高速度は時速2414キロ、航続距離4220キロ、M61A1 20㎜バルカン砲とAIM120ミサイルで武装している。

この戦闘機を、両航空隊はSEAD（Suppression of Enemy Air Defence）、すなわち、敵防空網制圧任務において活用する。SEADとは、敵の防空システムを無力化することを目的とした攻撃任務のことだ。対空ミサイル基地や対空砲レーダー基地の破壊、通信インフラの無力化などが任務に含まれる。

この任務を命じられるのは、数ある戦闘航空団の中でもごく少数。それだけの精鋭部隊が日本にいるのは、周辺国への威嚇という意味合いが強い。中国、ロシア、北朝鮮、イランという、アメリカが国家戦略において脅威とみなした国への警告として、第35戦闘航空団は機能しているのだ。

2017年5月現在、三沢基地は滑走路の改修工事を行っているため、第13、第14戦闘機航空隊はアラスカのイールソン空軍基地、韓国の群山《クンサン》基地に移駐しているが、それらの基地でも訓練を実施し、攻撃能力の高さをアピールしている。

そして、三沢基地の機能として忘れてはいけないのが、諜報機能である。三沢基地には「セキュリティ・ヒル」と呼ばれる通信施設があり、ここには空軍だけでなく、海軍や陸軍、海兵隊、さらには国家安全保障局の諜報部隊が集まっている。戦闘だけでなく、情報収集という機能からも、三沢基地は重要なのである。

ただ、一般的には、三沢基地よりも基地問題として取り上げられることの多い沖縄県の嘉手納基地の方が知られているだろう。

嘉手納基地の特徴は、極東最大規模の面積と、多様な部隊が配備されている点にある。嘉手納基地の第18航空団には、F15C／D戦闘機や空中給油機、空中警戒管制システム機（AWACS）、救難ヘリHH60など、多くの航空機が含まれており、基地には200機以上が常駐している。また、太平洋軍以外の部隊も展開しており、偵察や特殊作戦などに従事している。

さらに、基地内の米陸軍第1防空砲兵連隊第1大隊にはPAC3パトリオットミサイルや地対空ミサイルも配備されており、北朝鮮によるミサイル攻撃に備えている。

なお、地理的・規模的にいえば嘉手納基地は東アジアにおける抑止力として機能しているが、歴史的には、給油や弾薬の供給など、後方支援役として活用されることも多かった。

嘉手納基地には世界最大規模の嘉手納弾薬庫が隣接しており、この弾薬庫は湾岸戦争時に活用されている。空中給油機も何度も出撃して米軍の作戦をサポートしてきた。規模の大きい混成部隊だからこそ、こうした作戦を担うことになったわけである。

在日米陸軍の主な任務は補給支援

こうした空軍の機能に対して、在日米陸軍は実力部隊を展開しておらず、補給支援を主な任務としている。日本本土で陸戦が起こる可能性は極めて低いため、在日米陸軍の機能は支援へと注力することになったわけだ。

指揮をとるのは、第9ターコムという補給支援部隊の司令官である。司令部は、神奈川県座間市と相模原市にまたがるキャンプ座間におかれている。

このほかに、米陸軍は沖縄県のトリイステーションにも基地を構えている。ここでは情報収集や暗号作戦などを行っており、陸軍特殊作戦コマンド特殊部隊群、通称グリーンベレーも駐留している。

なお、グリーンベレーは実力部隊の一つだが、在日米軍の指揮下にはないし、作戦も海外における工作活動やテロへの対処などを担っている。そのため、日本の安全保障と直接関係するケースは少ないといっていい。

在日米海軍の重要拠点・横須賀

それに比べて、在日米海軍は空軍と同じく周辺国へ抑止力を発揮し、さらには補給地点として活用できるという点で、日本の基地を重視している。

中でも重要なのが、神奈川県にある横須賀基地だ。横須賀基地には大型船用のドックがあり、各種の軍艦を整備・修理する能力が備わっている。施設、人員とも充実しており、多くの日本人も勤務している。

実は、ここまで本格的な整備施設は、米軍にとって大変貴重だ。この横須賀基地を除くと、ハワイ以東で米軍が使用できる大規模な海軍基地は、中東のバーレーンにある米海軍中央基地まで存在しない。インド洋にはイギリス領のディエゴガルシア基地があるが、規模が小さく整備基地としては不十分だ。

つまり、横須賀基地は、西太平洋と中東を結ぶ重要地点としてアメリカに認識されてい

横須賀港に入港する空母ジョージ・ワシントン（ロナルド・レーガンの前任）

るのである。もし、横須賀基地が使えずアメリカ本土やハワイで整備を行うことになると、日本で整備を行う場合と比べて、ロスが1カ月以上できてしまう。作戦を無駄なく実行するためには、横須賀基地はなくてはならない基地なのである。

こうした戦略的な拠点であるため、横須賀基地には在日米海軍の本部も設置されており、さらには潜水艦、駆逐艦などの洋上部隊も配備されている。

そうした洋上部隊の中心を担っているのが、第7艦隊の第5空母打撃群である。第7艦隊とは米太平洋海軍の主力艦隊で、第5空母打撃群はその中心的存在だ。空母打撃群は、その名のとおり空母を擁する艦隊のことで、2005年からは原子力空母ロナルド・レーガンが横須賀を母港としている。ロナルド・レーガンは全長333メートル、全幅76・8メートル、搭載可能な航空機は最大90機と他国を圧倒する規模を誇り、イージス艦や潜水艦などと艦隊を組めば、その圧力はすさまじいものとなる。

当然、横須賀近海に原子力空母がいるのは、周辺国に抑止力を示威するためである。核兵器による攻撃も可能だと示す空母に、中国も北朝鮮も脅威を感じているはずである。

空母打撃群の各部隊

このロナルド・レーガンに艦載される航空集団が、神奈川県厚木基地の第5空母航空団だ。空母機動群が作戦を実行する際には、FA18E／F戦闘機を中心とする第5空母航空団や、ミサイル防衛を担うイージス艦部隊、さらには原子力潜水艦や補給機などによって艦隊が編成される。空母が中心にいるため、空母打撃群は艦載機の戦闘力が注目されがちだが、原子力潜水艦も攻撃能力の高いトマホークなどの巡航ミサイルを装備可能で、敵にとっては大きな脅威となる兵器だ。

なお、厚木基地の第5空母航空団には、EA18G電子戦機も配備されている。電子妨害、護衛電子妨害、自己防御電子妨害などのミッションをこなす唯一の戦闘機であり、敵のレーダーを無力化したり、通信インフラにダメージを与えたりできるため、技術が高度化する現在においては非常に期待されている。

同じく空母打撃群の一翼を担う掃海艦や強襲揚陸艦群は、長崎県の佐世保基地に配備されているが、一般的には細かい役割まで知っておかなくても問題はない。要は、空母を中心に穴のない部隊を編成できると敵にアピールするために、こうした艦隊も含まれていると考えればいい。

もちろん、こうした攻撃兵器による抑止力だけでなく、ＩＳＲ能力を備えることも在日米海軍は忘れていない。特に、沖縄県の嘉手納基地や青森県の三沢基地に配備されているＰ３Ｃ哨戒機部隊は、情報収集や偵察任務の中心だ。地味な任務だが、抑止力を効果的に活用するためには、こうした部隊の活躍が欠かせないのである。

海兵隊も支援任務が多い

最後に海兵隊について紹介しよう。

在日米海兵隊基地のほとんどは沖縄に集中している。キャンプ・ゴンザルベス、キャンプ・シュワブ、キャンプ・ハンセン、キャンプ・レスター、キャンプ・キンザなど数をあげるときりがないが、これらはすべて大きな部隊に係属する小部隊だ。

主要な機能を担うのは、沖縄のキャンプ・コートニーに本部をおく第3海兵遠征軍（3MEF）と、キャンプ・バトラーに本部をおく基地部隊である。このうち、キャンプ・バトラーには在日米海兵隊の本部もある。

両者の機能だが、簡単に言えば前者は攻撃部隊、後者は基地を管理する部隊のことである。攻撃基地としては、山口県の岩国基地と沖縄県の普天間基地があり、岩国にはFA18のような戦闘機、普天間にはヘリコプターが配備されている。

海兵隊と聞くと、敵地に真っ先に切り込む突撃部隊のようなイメージを抱いている人もいるかもしれないが、沖縄の在日米海兵隊は、後方支援や救済任務、災害支援などで活躍することが多い。東日本大震災のときにいち早く駆けつけたのは海兵隊だし、熊本地震の際にも普天間基地のオスプレイが空輸支援を行っている。日本が島嶼防衛を行う際にも、海兵隊が支援をすることになるはずだ。

北朝鮮は日本のどこを狙ってくるのか

在日米軍の主要な機能は、以上のとおりだ。これを踏まえて、北朝鮮が在日米軍基地を攻撃する場合、どこを狙ってくるかを考えてみたい。判断基準は、本章で紹介した戦いの原則や、各軍事戦略に基づいている。もちろん、あくまで私個人の意見であり、アメリカの戦略ではない点は、付け加えておきたい。

現在の軍事常識から言えば、敵基地を攻撃する場合は、司令部を最優先に破壊する。そうすると、横田基地、横須賀基地、キャンプ・コートニーの三つの基地が攻撃目標になる可能性が高い。特に横田基地は在日米軍全体の司令塔でもあるため、中枢の機能を破壊するには、ここを攻撃するのが最も効果的だ。

だが、日本のテレビ番組では、このような軍事常識とはかけ離れた議論が行われている。アメリカでも、視聴環境を整えれば日本のテレビ番組を観ることができる。そうしたサービスを利用して日本のテレビ番組を観ていたとき、北朝鮮情勢に関する議論にテーマが移った。番組にはジャーナリスト2人が出演し、北朝鮮がどのような行動をとるかを解説している。

その2人に司会者はこんな質問を投げかけた。「北朝鮮はどの在日米軍基地を最初に狙ってくるのか」。

これ対して、2人は声をそろえて「三沢基地」と答えた。

確かに、三沢基地にはF16戦闘機を擁する第35戦闘航空団が配属されており、通信施設も充実している。活動範囲には北朝鮮も含まれているため、最初にここを叩けば米空軍が攻撃できなくなると考えるのも無理はない。

だが、はっきり言って、この2人は軍事のことをまったく理解できていない。

三沢基地に強力な戦闘航空団が配属されているといっても、それは軍に命令を下す司令部ではない。北朝鮮がどのような兵器で攻撃するにせよ、日本と北朝鮮の距離を考えれば、司令部を狙わずに攻撃部隊から狙う必要はまったくない。

米空軍では、防衛の優先順位をPL（Protectional Level）に基づいて決定する。要は、敵から攻撃を受けたくないところから守りましょう、と考えて防衛レベルを設定しているわけだ。最も優先順位の高いPL-1からPL-4までの四つのレベルに沿って敵の攻撃から自軍を守る。

優先順位の最も高いＰＬ−１は、抑止力として使われる核兵器の基地や軍総司令などを指す。ＰＬ−２は戦闘航空団や爆撃航空団などの基地で、ＰＬ−３は米空軍のタンカーなどの普通の飛行航空団などの基地、ＰＬ−４は輸送機や輸送航空団などの基地である。

この考えに基づくと、戦闘航空団が配属されている三沢基地は、ＰＬ−２である。確かに重要な基地だが、最優先で破壊すべき対象ではない。戦闘機も駆逐艦も戦車も兵隊も、命令なしでは動かないし、逆に命令の出る司令部を攻撃すれば戦闘機10機を破壊するよりはるかに意味がある。これは兵隊と士官の常識である。

では、在日米軍でＰＬ−１の基地はどこか。横田基地である。在日米空軍と在日米軍の司令塔があり、三沢基地に命令を下す立場にあるからだ。

優先度から言えば、これに横須賀が続く。横須賀なら、在日米海軍の本部だけでなく、原子力空母ロナルド・レーガンも攻撃対象に加えることが可能だ。人員規模の大きい海兵隊を狙う場合は、キャンプ・コートニーが攻撃されるだろう。在日陸軍には攻撃部隊がいないため、キャンプ座間が優先される可能性は低い。

もちろん、金日恩が何を考えているかわからないという不安要素はあるが、軍事常識から考えれば、相手へのダメージが大きい場所から攻撃を加えるのが普通である。

こうした考えは軍事戦略の理解があればわかることなのだが、私が観た日本のテレビ番組では、誰もそのことを説明していなかった。

解説者が北朝鮮の攻撃目標を三沢基地だとして解説する様子は、軍人である私からすると、非常に不思議な光景だった。都心から離れているとはいえ、横田基地が東京都にあることを鑑みて、視聴者が混乱しないようにわざと三沢基地が狙われると説明したのか、それとも単に軍事戦略に疎くて、戦闘機がある基地を北朝鮮軍は襲ってくると本気で思っていたのだろうか。

いずれにせよ、日本では軍事戦略に対する理解が不十分であることを実感させられた。できればメディアの世界でも、退役自衛官のような軍事知識を持っている人間がもっと出て、国民が正しい知識を持てるようになってもらいたい。

アメリカは「多重層の防衛」で攻撃を防ぐ

話を戻そう。もし私が考えるとおり、北朝鮮が司令塔にあたる三つの在日米軍基地を攻撃目標としているなら、在日米軍はその攻撃をどのようにして防ぐのだろうか?

まず、北朝鮮が在日米軍基地を攻撃する場合、現実的に考えれば、弾道ミサイルによる攻撃となるだろう。北朝鮮が保有する通常兵器の性能では、在日米軍に効果的な攻撃を加えることができないからだ。

実はすでに、米空軍は北朝鮮のミサイル攻撃に対する防衛ラインを形成している。それが多重層の防御ライン（Multi-Layers Defense）という対空防衛の観念だ。

多重層の防御ラインとは、その名のとおり、一つの対策だけでなく、幾層にもわたって対策を講じることで脅威を取り除こうとする考えだ。

まず第1層は、米空軍や米海軍の核兵器による抑止力だ。ミサイルを発射して米軍基地を攻撃すると、自国はそれ以上の報復を受ける。そうした圧力をかけることで、北朝鮮の軍隊の首脳部に愚かな行為をさせないように威嚇するのだ。

例えば、２０１７年4月上旬、フロリダで米中首脳会議を終えたトランプ大統領は、原子力空母カールビンソンを中心とする空母打撃群を朝鮮半島へ向かわせた。これはまぎれもなく抑止力の示威である。

さらには習近平国家主席との会談では、北朝鮮への対策に協調するよう迫っている。今のところ、中国はトランプ大統領の話を真剣に考えているのかわからない。しかし、太平洋軍のハリス司令官は、先制攻撃の可能性を問われて「さまざまな選択肢がある」と答えていることから、トランプ大統領は、たとえ中国が消極的であっても、北朝鮮へこれまで以上に圧力をかけようとするだろう。「アメリカは単独でも北朝鮮に軍事行動を起こす意思がある」と示したことは、これまでの大統領とは大きく異なる対応である。

第2層はISR（諜報、監視、偵察）である。無人機のUAVや超高度偵察機のU2で北朝鮮の動きを完全にモニターする。現在は、早期警戒衛星による情報収集よりも、こうしたUAVによる行動の方が盛んになっている。

実際、韓国の龍山《ヨンサン》基地を拠点にしているUAVや、グアムのアンダーセン基地から行動しているU2などによって、米軍は北朝鮮の行動をかなりの程度つかんでいると考えられる。2017年4月半ばには、アメリカ本土のオファット空軍基地から電子偵察機RC135Sが嘉手納基地にやってきたが、これもISR能力強化の一環だ。

ミサイル発射を探知できないのではないかと心配する人もいるとは思うが、米軍は日本人が思っている以上にISRに力を入れている。米軍ならなんでもできると楽観視するのは危険だが、北朝鮮がミサイル発射や核実験などの兆候を見せれば、その情報を米軍はいち早くつかむことができると考えていい。

北朝鮮が弾道ミサイルを起動させる準備に入れば、衛星とＵＡＶやＵ２が速やかに情報を察知して司令中枢に伝達する。そうなれば、米軍は攻撃を受けるよりも前に先制攻撃を実行し、ミサイル設備の破壊に専念するだろう。

もちろん、先制攻撃が間に合わなかったり、別地点から攻撃を受ける可能性も考えられる。そうして発射されたミサイルに対しては、第３層の防衛ラインが発揮される。日本海、あるいは太平洋上の米海軍のイージス艦によって、北朝鮮の弾道ミサイルを大気圏外で迎撃するのである。イージス艦は、ＵＡＶや衛星によって情報を収集したうえで配置されることになるだろう。

それでも打ちもらした場合に備えて、重要な基地の周りにはＰＡＣ３という迎撃ミサイルが配備されている。これによってミサイルを撃墜するわけだ。これが第４層目にあたる。

このように、米軍は一つの方法に頼らず、たとえそれぞれが不十分であったとしても、何重にも対策を積み重ねることで、１００％に近い防御システムをつくるのである。

もちろん、大量のミサイルを連続して打ち込まれれば米軍であっても防ぐことはできないが、そうした攻撃を受ける前から防衛ラインを引くことで、米軍は危機を回避しようとするはずだ。

日本のミサイル防衛

なお、こうしたイージス艦やＰＡＣ３による防衛システムは、ＭＤ（ミサイル防衛）と呼ばれているもので、冷戦終結後、中小国へ核が拡散することを防ぐために、アメリカによって考えられた。ご存知のとおり日本もＭＤを導入して、北朝鮮によるミサイル攻撃の脅威に備えている。

ＭＤの仕組み自体は日本もアメリカも同じなので詳しくは説明しないが、有事の際には米軍が集めた情報を日本と共有し、海自と在日米軍のイージス艦が協力してミサイル攻撃を防ぐことになるだろう。

近年は、このＭＤの強化が急速に進んでいる。２０１７年2月にはアメリカと共同開発している迎撃ミサイルＳＭ３ブロック２Ａによる迎撃試験が成功しているし、地上型イージスの導入も日本政府は前向きに検討しているらしい。

どちらも聞きなれないと思うので、順番に説明しよう。ＳＭ３ブロック２Ａとは、イージス艦に搭載する迎撃ミサイルのことで、これまで自衛隊に配備されてきたミサイル（Ｓ

海自のイージス艦「こんごう」によるSM-3ブロック1Aの発射実験

M3ブロック1A）の発展型にあたる。魅力は現行のミサイルを上回る2000キロの射程で、迎撃高度は1000キロを超える。舞鶴に配備されれば、日本全体をカバーすることが可能だ。

今後は精度を向上させて、実戦配備を目指していくことになる。それがいつになるかは微妙なところだが、米軍は2018年に配備することになっているため、自衛隊もそれに前後して配備していくことになるだろう。

もう一方の地上型イージスとは、イージス艦の迎撃ミサイルシステムを陸上に配備したもののことで、「イージス・アショア」と呼ばれている。

現行の迎撃ミサイルはもちろん、前述したＳＭ３ブロック２Ａも搭載可能で、２期を配備すれば本土全体を防衛することができる。費用は1基につき８００億円と、イージス艦を建設するのにかかる約１５００億円より安価にすむのが利点である。こちらはハワイでの視察の結果をふまえて、夏までには結論を出すようだ。

なお、２０１７年4月には韓国でもミサイル迎撃システムＴＨＡＡＤが配備されたが、これらの東アジアにおけるＭＤ強化は、北朝鮮への備えであると同時に、中国やロシアといったアメリカの脅威に対抗する意味合いもある。ＭＤ強化は日本を守るためだけでなく、アメリカの世界戦略の一環だ。それを忘れてはいけない。

米軍は攻撃される前に攻撃する

このように、日本はアメリカと連携しながらＭＤを強化して北朝鮮の脅威に備えているが、もう一つ忘れてはいけないことがある。日本の場合は憲法の制約から先制攻撃ができないため、いかにミサイルから攻撃を防ぐかに議論が集中するが、米軍は違う。アメリカには、先制攻撃によって敵に攻撃の隙を与えずに制圧するという選択肢もある。脅威とみなせばすぐに攻撃し、敵の司令能力を無力化しようとするはずだ。

では、米軍が北朝鮮を攻撃する場合、どのような手順を踏むのだろう。

立場上、作戦に関して詳しいことは書けないが、イラク戦争の始まりに活用された、ジャマーは使用すると考えられる。ラジオの通信波を利用して爆弾や兵器の起動を妨害したり、通信機能を麻痺させたりして、中枢機能を無力化しようとするはずだ。軍隊の近代化が進む現在、作戦には必ず電子機器が活用されるし、すでにサイバー空間では戦いが苛烈化している。

例えば、２０１７年3月から4月にかけて、北朝鮮が弾道ミサイル発射実験を立て続けに失敗したことに対し、米軍によるサイバー攻撃があったと指摘する声がある。詳しいことは私にもわからないが、脅威とみなしている相手になら、米軍はそれぐらいのことはしてもおかしくないと考えていたほうがいい。

日米の連携を深めるための合同軍事訓練

ここまで、朝鮮半島有事の際に想定される行動について見てきたが、こんな疑問を抱いたことのある人もいるのではないだろうか。有事の際、自衛隊と在日米軍のどちらが指揮をとるのだろうか、と。

一般的には、自衛隊が米軍の傘下に入るようなイメージがあるかもしれない。軍事力の規模から言えば米軍の方が自衛隊より上なのだから、指揮も米軍がとるはずだ。そのように考えている人は決して少なくないだろう。

しかし実際は、日米は法的枠組みのなかで行動することが決められている。日米安全保障条約、さらには新しい集団的自衛権に基づき、日米両軍は同盟国軍として平等な立場で共に行動するのだ。

そうした行動を調整するために自衛隊と米軍が行っているのが、合同軍事演習だ。合同上陸演習、合同基地防衛演習、合同狙撃訓練、合同航空演習、合同海上演習など、軍種や目的によってさまざまな種類があるが、その目的の一つは有事の際にどのような指揮系統で動くのか、意識を共有するためである。

私も2000年にはキーンソード日米合同演習、2009年にはキーンエッジ日米合同演習に参加して、その様子を目の当たりにしている。その経験から言えば、日米で合同作戦が行われることになっても、技術的、戦術的な問題は起こらないと思う。両組織とも兵

グアムのアンダーセン空軍基地で行われた日米豪の共同訓練「コープ・ノース・グアム 17」の様子（航空総隊司令部ホームページより）

士の練度が高かったし、何度も訓練を重ねているため、自衛官や米兵は指示があればそれに沿ってすぐに動けるはずだ。

合同軍事活動の意味

だが、そもそもアメリカは他国を圧倒する軍事力を持っているのに、なぜわざわざ合同軍をつくろうとするのだろうか？　ここからはその疑問を考えてみたい。

参照するのは、イギリス陸軍のマーク・ソーンヒル大佐が２０１１年に米陸軍指揮幕僚大学で出した論文「合同軍の戦争：リーダーシップのチャレンジ（Coalition Warfare: The leadership challenge)」だ。

彼は論文の冒頭でこう述べている。

「ベトナム戦争以来、アメリカの指導者たちは、自国だけで戦争に行くことは危険だと認識し、海外における軍事作戦の正当性は、他国が合同軍として参加するかどうかにかかるようになってきている。事実、これからの戦争はアメリカ合同軍による戦闘だとみなされるようになっている。しかしまた、合同軍事活動は軍事的より政治的な色を示している」

また同じ章でこうも述べている。

「能力のある司令官は合同軍のパートナーの話をよく聞き、国内の政治事情や合同軍参加の動機を理解し、パートナーの軍事能力の高さに謝意を示している。また能力のある司令官は、自国の事情を配慮するだけでなく、合同軍の事情も考慮しながら広範な優先順位をつくり、それを基に色々な軍事判断を下す。また能力のある司令官は、合同軍の各々の国の政治的利益のために明白な目標を決める」

こうした記述は、合同軍の本質をついている。戦争は、他の国も賛同しているという大義がなければ行えなくなった。しかも、合同軍を指揮するには、軍事面だけでなく、各国への政治的な配慮ができなければいけない。自国の事情にこだわらずに合同軍にも気を配り、各軍の目的を理解したうえで、政治的な配慮をする必要もある。これは非常に大変な作業だ。

合同軍に参加して他国の力を借りる

もちろん、合同軍のメリットはいくつかある。先述したように、国内の批判をかわして政治的リスクを回避できるのはその一つだ。それに高価な兵器や多国間で施設を共有できるというメリットもある。

また、強い軍隊を持たない小国や、軍事力を限定的にしか展開できない国なら、他国の軍事力に頼って軍事的・政治的メリットを得ることができる。

例えばイギリスとフランスの場合、軍事力が限られた状態であっても、合同軍を上手く活用したことで、軍事的な成功を収めたことがある。

それはリビアにおける内戦に、イギリス・アメリカ・フランス・アラブ諸国からなる合同軍が軍事介入したときのことだ。目的は、独裁者であるカダフィ大佐を倒して内戦を沈静化することだった。

その手段として両国は、安保理決議に基づいてノーフライゾーンを設置することを考えていた。ノーフライゾーンとは、名前のとおり上空を飛んではいけない地域のことで、通告に従わない航空機を実力行使で落とすことができる。両国から派遣された兵力は大きくなかったが、ノーフライゾーンを設置すれば、兵力を損耗するリスクを避けながら、カダフィ軍の攻撃を抑制することができる。市民を空爆から守るという大義をかざすこともできるため、実現すれば得られるメリットは大きかった。

この目的を達成するために、イギリスは合同軍の一員であり、同盟国であるアメリカの協力を仰いだ。もしイギリスとフランスだけの交渉だったら、国連安保理への働きかけは上手くいかなかったかもしれない。しかし、アメリカという軍事的・政治的存在感の大きい国を巻き込んで国連と交渉を続けたことで、両国はノーフライゾーン設置という目的を達成することができたのである。アメリカという大国と軍事同盟を結んでいたことで、強い発言権を発揮できたわけだ。

合同軍事演習の政治的なメリット

このように、合同軍を上手く活用すれば政治的にも恩恵を受けることができる。日本の場合も、米軍や友好国と連携して軍事演習をしたり、合同派兵したりすることは、国際社会に向けて重要なメッセージとなるはずだ。

まず、日本や自衛隊が国際社会に大きく貢献していることをアピールできる。人材貢献を求める声が高まっている現在、寄付金だけでは貢献度が低すぎる。どの国も、国内世論をなんとか抑えて海外に兵員を派遣しているのが現状だ。そんな中でかたくなに人材貢献を拒んでは、国際社会の信頼を得られない。国際協調路線を進めたいなら、他国との軍事的な連携も必要なのである。

重要なのは、合同軍は軍事よりも政治におけるメリットが大きいという点だ。国際社会が求めているのは、巨大な軍事力ではない。多くの国が合同軍に参加しているというメッセージだ。そうすれば、行動の正当性を示すことができるし、相手国を威圧することもできる。

何も、アメリカのいいなりになって自衛隊を派遣する必要はない。国益に反する要請なら政治家が断ればいいのだ。そんなことは日本にできないと思うかもしれないが、日本はベトナム戦争への自衛隊派遣を拒み続けた実績がある。政治的意図をしっかりもった政治家ならそれができるはずだし、国民がそうした意識をもって政治家を選べば、無駄な派兵は行わなくてすむはずだ。

それに、出兵に反対したからといって、日本が国際的に孤立するわけではない。逆に合同軍に反対する国が多ければ、その軍事行動は抑制され、無駄な戦争が起こらなくなる。言うべきことを言える国なら、大国の戦争をおさえて世界秩序の安定に貢献することができるはずだ。

もちろん、そんな理想どおりにことが進むほど、世の中は単純ではない。国際社会の要請を断れずに自衛隊を派兵し、自衛官が命を落とす可能性もある。日本で懸念が集中しているのはそこだろう。

あえて言わせてもらえば、人材貢献を求められる以上、死者が出ることは覚悟しなければいけない。先進国はそれを覚悟の上で国民を説得し、軍隊を派遣している。死人を出したくないのはどの国も同じだ。

それでも、国際社会の常識では、先進国であれば世界秩序の安定に貢献するのは当然だとみなされているため、アメリカやイギリス、ドイツなど、経済力のある国は、合同軍を編成して、紛争処理や治安安定といった任務を遂行しているのである。

日本も海自による掃海任務や海賊対策などで国際社会に大きく貢献しているが、その活動の意味を国民がきちんと理解しなければ、いつまでたっても「なぜ自衛隊が海外にいくのか」という根本的な問いから脱却できないだろう。そうした活動が日本の国際的な地位を上げるのに役立っていると、多くの国民に認識してもらいたい。

アメリカが頭の上がらない国

一方で、先述したソーンヒル大佐が指摘するとおり、合同軍の司令官は、各国の政治的利害を調整できる柔軟性にとんだ人物でなければ務まらない。

いい例が、湾岸戦争を指揮したシュワルツコフ大将だ。合同軍として作戦を展開する際、シュワルツコフ大将は命令系統を上手くまとめて同盟国を率い、指揮が各国にいきわたるよう部下に徹底させた。

しかし、国内に合同軍を受け入れたサウジアラビアへの配慮には苦労したようだ。各国への命令伝達のパイプ役としてC３ＩＣを設定し、シュワルツコフ大将とサウジアラビア軍のカリッド大将の２人が委員長となったが、命令系統を統一するのが難しく、その場限りで即興な構造になってしまった。

強力なリーダーシップを持っている司令官でも、合同軍のパートナーの取り扱いには骨が折れる。特に、外交、経済関係が強い国の軍隊は、デリケートに対応しなければならないため大変だ。

想像はつくと思うが、アメリカがサウジアラビアに配慮したのは、石油が理由だ。中東において産油国の中心的地位にいるサウジアラビアから、アメリカは長年石油を輸入してきた。そんな相手に強く出ることは、なかなか難しいところがある。

それは、サウジアラビアに対するアメリカの対応を見れば明らかだ。21世紀になってテロとの戦いが世界の課題となったが、サウジアラビアはそのテロを繰り返すイスラム教過激派の拠点となっているにもかかわらず、他国から責められることはまったくない。

そもそも、イスラム教過激派の原点がサウジアラビアのメディナにあることは、アメリカも西側諸国も昔から知っていた。それなのに、アメリカも西側諸国も過激派を取り締まってほしいとサウジアラビアに面と向かって求めず、経済関係の強化ばかりを話し合っている。これらの国にとってサウジアラビアがいかに重要な同盟国かがわかるというものだ。

しかし、当のサウジアラビアには、アメリカを友好国とみなさない人が少なくない。

私が少尉の頃、米軍の士官の学校で1番多い外国軍交換士官はサウジアラビア軍士官だったが、それから3年後の1998年頃、サウジアラビア軍交換士官は急激に減った。

一体なぜか？　それは1995年11月に、アルカイダによってサウジアラビアの米軍基地にあるコーバータワー（米軍兵舎）が攻撃されたからである。

これによってアメリカとサウジアラビアの関係は一時的に冷え込み、米中央軍の前線基地は、サウジアラビアのプリンス・サルタン基地からカタールのアル・ウデイド基地に移った。

アメリカや西側諸国はサウジアラビアと友好関係を保ち、重要同盟国として扱ってきたが、一般の人たち、特に熱心なイスラム教徒たちは、同じようにはアメリカと西側諸国を見ていなかった。彼らは外国軍の駐屯を歓迎していなかったのである。

普通に考えて、過激思想を輸出している国とどうやって友好関係を結べるというのだろうか。もちろん、テロを起こすのはごく一部だが、取り締まりも求めないというのは友好国としておかしいのではないか。いくら石油のためとはいえ、このまま現実問題から目を背けていていいのだろうかと疑問に思う。

とはいえ、これからもアメリカがサウジアラビアを同盟国として重視する姿勢は変わらないだろう。トランプ大統領はイスラム教国7カ国の入国を禁止したが、そこにサウジアラビアは入っていない。本当に過激派を入国させたくないなら、サウジアラビアも入国禁止国にしなければいけないはずだ。

話が大分逸れたが、私が言いたいのは、アメリカは同盟国の取り扱いに神経を尖らせているものの、サウジアラビアのようにうまくいかないケースもあるということだ。軍事力が強固でも、政治的要因や経済的要因も含めて戦略を考えなければ、目的を達成することはできない。こうした時代だからこそ、先述したCOINのような現地住民への地道な働きかけが重視されているのである。

合同軍の問題点は司令制御の難しさ

ここまで、同盟軍との付き合いがいかに難しいかを見てきたが、中でも特に大変なのが、命令系統や指令制御を一本化することだ。

戦いの原則で触れたとおり、軍隊は作戦遂行をスムーズにするために命令系統を単純化する必要がある。それがまとまらず何本も命令系統が存在してしまうと、兵隊はどの命令に従えばいいのか迷ってしまい、作戦遂行に支障をきたす恐れがある。だからこそ、命令系統の統一は大切なのだが、実際に指揮をとるのは並大抵のことではない。

私自身、2011年から2012年にかけてアフガニスタンで多国籍部隊を指揮したが、そのときの苦労は忘れられない。米軍以外にポーランド軍、フランス軍、チェコ軍、ニュージーランド軍、ポルトガル軍、ヨルダン軍の6カ国、総勢300名が私の部下となり、言葉の壁、文化の壁、宗教の壁を痛烈に感じながら任務にあたったことを覚えている。

ましてや、どの軍隊も戦闘には参加したくないのが本音だ。死傷兵が出れば本国から反対が出て撤兵となるため、政治的なリスクを怖れて指揮に従わないのも無理はない。

合同軍の指揮官は、そうした各国の繊細な事情を考慮しながら軍の配置を考えねばならない。もしある軍が撤退すれば、合同軍に穴が開いて全体の士気に悪影響を与えてしまう。

それだけではない。合同軍の一員が途中で撤退すれば、撤退した国はこれからずっと派兵先で狙われることになるのだ。

軍事常識からいえば、敵を攻撃するときは弱点から狙うのが普通だ。テロリストや反政府組織からすれば、攻撃すれば撤退する軍隊など、狙いやすいことこの上ない。合同軍のソフトターゲットだとみなされ、何度も何度も攻撃を受けることになるはずだ。

そういう意味では、陸上自衛隊のＰＫＯは非常に不安が残る。これまでは大丈夫なようだが、もし、イラクに派兵されていたとき、セマナで反政府軍の待ち伏せにあって応戦する羽目になり、死傷兵が出たら、日本の政治家、マスコミ、世論は即座に撤退を求めただろう。撤退しなかったとしても、大きな騒ぎにはなったはずだ。

そうした状況を反政府軍やアルカイダに知られたらどうなるだろう。日本は合同軍における弱点だと思われ、執拗に攻撃された可能性が高い。

もちろんそれは仮定の話だが、そうした事態を避けるためには、各国が足並みを揃える必要がある。自衛隊も他人事ではすまない話だ。

実際、日米の合同訓練においても、似たような問題は起きている。

合同訓練は日米2国間作戦（US-Japan Bilateral Operation）で運営されているが、まず、お互いにプライドがあって、なかなか話がまとまらない。その上、駐屯軍（米軍）とホストネイションの組織（自衛隊）という関係上、米軍は自衛隊に気兼ねをするし、自衛隊は米軍からのサポートが必要だという立場から米軍に気兼ねをする。下手をすれば、課題はあるのにコミュニケーションがうまくとれないという、不安定な事態に陥るわけだ。

日本ではあまり話題にならないが、作戦系統の統一は地味だが大変重要だ。強い軍隊は効果的な命令系統を必ずつくっている。命令系統に無駄があれば作戦遂行が困難になってしまうからだ。

これらの課題をクリアするためにも、日本は国家軍事戦略を考える必要がある。日本や世界が21世紀においてどのような状況におかれているかを考え、戦略をねって欲しい。次章で紹介するように、自衛隊にはそれをできるだけの能力があるし、成功すれば抑止力の強化にもつながると信じている。

第4章

米軍からみた自衛隊の強さ

軍隊としての効率をよくする

本章では、米軍からみて自衛隊がどのように映っているのかを紹介していきたい。最近の自衛隊の変化をまずは評価し、続いて私の横田基地勤務時代の経験などをもとに、自衛隊に対して思っていることを率直に書いていくつもりだ。

周知のとおり、これまで自衛隊の活動は災害救助や人道支援が中心だったが、集団的自衛権の行使容認に伴い、ルール上は海外での活動範囲が拡大することになった。

この決定に対して「軍国主義に逆戻りしているのでは」と懸念する人もいるかもしれないが、そうした理解は短絡的だ。

重要なのは、「いざというときは地球の裏側まで行ける」というルールになったことで、敵国に対して威嚇ができるようになったことにある。要は、抑止力の強化につながったという点で意味があるし、アメリカ政府や米軍にしても、周辺国への威圧になるということで、好意的に受け止めている。

変わったのは、ルールだけではない。ここ最近の自衛隊は、有事に備えてより現状に対

川崎重工が製造した日本産哨戒機 P-1。武器輸出三原則の緩和に伴い輸出に乗り出そうとしているが、費用面などで競合相手に敗れるケースも。

処しやすいように効率化している段階にあり、ここ数年でその政策がかたちとなっているのである。集団的自衛権の話は大分盛り上がっていたが、それ以外の実質的な面での強化についても、実は着々と進展しているのだ。

その一環として政府が2014年に実施したのが、武器輸出三原則の緩和だ。規制緩和に伴い、新しく「防衛装備移転三原則」が設けられ、これまで原則禁止されていた日本の武器や技術の海外提供が可能になった。

これに対して「これで日本が戦争に巻き込まれる」という否定的な意見があるが、その一方で、これまで閉じていた日本の軍需産業が開かれたメリットは大きい。これにより、自衛隊は安価でより優れた武器を使用できるようになる可能性が高まったからだ。

というのも、これまで日本の防衛企業は輸出を禁じられていたわけだが、新原則の登場により、これからは世界の価格競争に参入することが可能になる。そうすれば、量産化した武器の輸出やハイテク兵器の共同開発などを通して兵器調達にかかる防衛費を減らすことができ、技術の向上も見込むことができるのだ。

中でも重要なのは、国産の技術力を向上できるという点だ。武器の単価が安くなるのもメリットの一つだが、国産武器技術が向上できることは、国防の観点から言えばそれよりもはるかに意味がある。

これまでは、三菱重工や川崎重工など、自衛隊向けの軍需品を開発してきた日本企業は、武器輸出三原則によって、開発した軍需品を輸出することができなかった。機密の保持という点ではそれも意味があるが、技術進歩が停滞することは大きな問題だ。日本企業は市場が自衛隊に限られていたせいで、技術競争する相手がいない状態が長びいてきたため、海外の軍需産業と比べると、効率的に武器を開発する能力が欠けてしまっているのである。

陸上自衛隊が採用している89式小銃を例にこの問題を考えてみよう。

陸自の89式小銃。マウントベースがついていないため後付けする必要があった。

89式小銃は、1989年に陸自で制式化された国産小銃だ。性能自体は、世界標準の小銃と比べても、何ら見劣りもしない高いレベルにある。ロシアのAK74やフランスのFA-MAS G2といい勝負をしているぐらいだ。

しかし、これまでは納入先が自衛隊などに制限されてきたため生産数が伸びず、同性能の他国産小銃と比べると高価になりやすかった。

しかも、世界市場で戦っていればすぐに気づくようなミスがこの小銃にはある。マウントベース（スコープ固定用の凸凹のある板状のパーツ）がついていないのだ。後付けでマウントベースを固定すれば問題はないものの、高額で小銃を買った上にオプションで付けるというのは、はっきり言って作業の無駄だ。

海外の軍需産業は、軍需品を各国に売り込むために各社が技術競争をしてしのぎを削っている。世界各国の要望を探りながら、最適な技術を試行錯誤で探していく。だからこそ、企業の武器製造の技術は向上するし、現実的な兵器がどのようなものか、イメージをつかむことができるのだ。

しかも、市場が広がれば、他国の企業と武器供与や共同開発をする機会も増え、それを通じて他国と防衛関係を構築できる可能性もある。上手くやれば国際社会で味方を増やすことができるため、私はこの方針転換を高く評価している。

日本のように極端に競争が少なければ、技術が停滞する恐れがあるし、自国の防衛に適した兵器も生まれない。もし将来何かがあって、外国製の武器が手に入らなくなり、国産の武器を使わなければならないときには、その差は致命的になる。そうなってからでは遅い。

日本のメディアではこれらの点をほとんど解説しないが、軍事的には非常に大事なことなので、皆さんにも覚えておいてもらいたい。

このような対策によって、より効果的な軍備ができるようになれば、そこから抑止力になるような兵器が生まれる可能性もある。ＩＳＲやサイバー能力の強化によって抑止力を大きくすべきだと第3章で述べたが、そのためには国内の技術力向上が不可欠だ。

すでに述べたとおり、ミサイル実験を繰り返す北朝鮮や、軍事的な存在感を強める中国に対抗するには、抑止力の強化は欠かせない。特に、数に勝る中国の軍から日本を守るには、軍備の質を上げる努力を続けるしか対策はない。国内企業が海外市場で競争を続け、現状を十分認識したうえで、これからどのような兵器が国防のためには必要になってくるのかを考えていかなければならないのだ。

自衛隊の質は世界トップクラス

なお、現状の自衛隊の練度から判断すれば、軍隊としての質は、すでに世界トップクラスにあるといえる。

特に、個々の兵隊の能力の高さは目を見張るものがある。これは私が日本出身だから贔屓して言っているのではない。自衛隊と接した米兵は、皆口をそろえて兵士の質の高さに驚いている。下士官や士官だったら、自国にもそうしたレベルの高い兵隊が欲しいと思うはずだ。米兵は出張でいろいろな国へ行って他国の軍隊と接するが、中でも自衛隊の兵士たちは指揮官の指示に忠実で、動きに無駄がない。

戦後の日本は、憲法9条によって自衛隊の活動に制約を課してきたが、そうした軍事上の不利にもかかわらず、自衛官一人ひとりの規律の高さ、指揮力の高さ、決断力の高さ、知識の高さは目を見張るものがあり、さらには体力や柔軟性も優れている。米軍の一員として自衛隊と交流してきた経験上、そう感じる瞬間が、一度や二度ではなかった。

例えば、2006年、航空自衛隊府中基地が横田基地に移動する計画が始まったときのことである。私は在日米軍憲兵隊副官としてこの基地移動の警備主任になった。上司は米空軍の第5空軍7課の大佐である。府中基地からは空自の1佐（他国の軍隊でいえば大佐に相当する階級）が基地移動後の警備の調整のためにスタッフを連れて横田基地にやってきた。

この基地移動について補足しておくと、府中基地の横田基地移転は、三沢基地に続く日米合同空軍基地化ということで、日米両政府から期待がかかっていた計画だ。特に、日本防衛における空軍基地の拠点的な位置づけ、つまり、全日本防衛空軍基地として位置づけられていたので、その期待は大きなものであった。

先に述べたとおり、私は警備任務にあたっていたが、空自との調整をどうするか考える必要があった。というのも、米空軍の規則では、米空軍基地、特にゲートなどの管理は米空軍自身がしなければならないと決められていたのだが、空自からすれば自分たちの基地が移動するわけだから、空自が基地警備を要求してくることは当然だった。むしろ、軍機能の優先順位から考えれば、空自の言い分の方が分がある。空自ではなく米空軍に基地を警備させるというのは無理な話だと私は思っていた。

当初、米空軍側は、自分たちがゴリ押しすれば日本側は折れるだろうとたかをくくっていた。ところが、警備の調整にきた府中基地の1佐は、逆に私の上司をやりこめてゲート警備は空自が担当するべきと主張してきたのである。

驚きのあまり、私は口をポカーンとあけてこの1佐の説明を聞いていたが、その言葉には正当性があったし、中途半端な反論が通じないことは誰もが感じていた。7課の大佐はこれはやりきれないと困惑気味で、「何でこの1佐はこう頑固なんだ?」と愚痴ってきたぐらいだ。

そして、最終的にはこの1佐の主導するかたちで、警備の話は空自がリードするという結果になった。日米合同の運営や会議で日本側がリードするという事態を、民間企業に勤めていた時代を含めて私は見たことがなく、これが初めての経験だった。日本人でもここまで堂々と意見を述べ、リーダーシップを発揮できる人がいるのかと、この1佐の行動、発言に私は思わず感動した。

ちなみに、2回目以降の警備では、7課の大佐はこの1佐が来るなら会議に出たくないと駄々をこねるようになり、この大佐を説得させて会議に出すことも私の仕事になった。

そしてこれ以来、この1佐とは友好を深め、私の師匠のような存在になってもらった。私がイラクへ派兵されたときも色々とアドバイスをしてくれて、今でも非常に感謝している。

外国人はよく、日本人は決断力がないと言うし、日米両企業で働いたことのある私から見ても、確かに日本の会社員の決断力のなさは想像を絶する。日本の会社の会議が異常に長いのは上に立つ人間に決断力やリーダーシップがないせいだが、今の例を見ていただくとわかるとおり、その傾向は優れた自衛官には見られない。

こうした自衛官の練度の高さに加え、自衛隊は経済力を背景に、ハイテク装備や武器の配備を進めてきた。第二次世界大戦後の歴史を振り返ると、冷戦期はソ連、冷戦終結後は中国と、大国が軍事力を強化する中でも、自衛隊はそれに備えて訓練を欠かさなかった。はっきりいって、国家軍事戦略がないのにここまで屈強な軍事力を維持してきたことは、驚くべきことだ。

自衛隊に与えた旧日本軍の影響

私個人の意見では、自衛隊の高い能力の背景には、旧日本軍における規律や組織力が影響しているのではないかと思っている。

もちろん、旧日本軍に触れるといっても、彼らが戦争で行ったことを肯定しているわけではない。軍事学の観点から見て優れた点があり、それが自衛隊にも受け継がれていると指摘するのが目的だ。

米空軍指揮幕僚大学時代に旧日本軍に関する論文を書いたことがあるのだが、そのとき集めた資料から、旧日本軍には軍隊行動に必要なモラルや規律や個々の判断力、作戦遂行能力を養うための機能が非常に高く、他国をダントツに抜いていたことがわかった。

19世紀の半ばに近代化を始めたアジアの島国日本の軍隊が、1943年までには世界の陸地の5・9%を占領するというとてつもないことを達成できた。これは、まぎれもなく旧日本軍の組織力が優れていたからに他ならない。国家戦略の欠如や人命軽視などの問題点もあったが、作戦を遂行するための機能は非常に充実していたのである。

終戦後、アメリカの占領政策で日本軍の弱体化は進められたが、その旧日本軍のプラス面のＤＮＡが自衛隊にも引き継がれているのは間違いない。海自は野村吉三郎大将を中心とした旧海軍将校たちが米軍協力のもとに創った組織だし、陸自にも旧日本陸軍の下士官や士官が多く参加している。

しかも、朝鮮戦争の勃発によって日本軍解体から比較的早い段階で再軍備が進んだため、軍事的なブランクがそこまで空かなかった。そのため、戦略や装備が変わったとしても、自衛官個々の作戦遂行能力自体は大きく下がることはなかったと考えられる。少なくとも、旧日本軍の利点である規律の高さに関しては、自衛隊に上手く受け継がれていると思っている。

日本基地勤務が米軍の人気をあつめる理由

さて、ここまで自衛隊の効率化の動きに触れながら他国から見た自衛隊の評価などについて紹介してきたが、実は自衛隊に限らず、米軍は日本に対してかなりの好印象を抱いていることをご存知だろうか。

一番いい例が米軍の希望勤務地である。日本ではあまり知られていないが、日本勤務、特に東京近郊の基地勤務の競争率は非常に高い。米空軍では横田基地、米海軍では横須賀基地あるいは厚木基地、米陸軍はキャンプ座間、そして、米海兵隊ではキャンプ富士に配属を望む兵士が多く、これらの基地へ勤務されるまでは一苦労である。

私の場合、希望を出してから横田基地勤務になるまでに、6年もかかった。米空軍士官の勤務地のローテーションは大体2~3年に1回だから、3回目の転勤でやっと横田基地勤務になれたというわけだ。

日本勤務にこれほど人気が集まるのは、日本人が非常に優しく、親しみがもてるということと、治安がよく、基地外にアパートを借りても快適に暮らせるというのが主な理由である。実際、横田基地に勤務した知り合いのOBたちは、アメリカに帰って何年経っても、日本を恋しがっている。日本基地勤務を経験したお陰で、かなりの米兵とその家族が、日本を第二の故郷だと思うようになっているようだ。

しかし、反米感情が強い韓国ではこうはいかず、烏山《オーサン》基地（米空軍）、群山《クンサン》空港（米空軍）、そして龍山《ヨンサン》基地（米陸軍）に勤務が決まると、行くのが嫌で除隊しようとする兵隊もいるほどだ。2008年までの制度では家族を連れて行くことが許されていなかったため、親しみを持てずに帰国を望む兵士が少なくなかったし、その傾向は現在でも変わっていないようだ。

ちなみに、日本以外で人気の高い米軍基地勤務地は、イタリアのアビアノ基地（米空軍）、ヴィチェンツァ基地（米陸軍）、それにドイツのラムシュタイン基地（米空軍）で、観光地に近く都市機能が整備されている国は人気が高い。

とはいえ、日本人の中には米軍による犯罪が後を絶たないことに不信感を抱いている人もいるだろう。米軍から日本が好きだと言われても、問題を頻繁に起こされては、いい気がしないのも無理はない。

確かに、これまで沖縄では米兵による強姦や窃盗事件が起き、2016年4月にも、うるま市で元米海兵隊のコントラクター（契約社員）によって女性が殺害されるという痛ましい事件が起きた。被害に遭われた方々やその家族の気持ちを考えると、胸が痛くなる事件だ。

ただ、言い訳に聞こえるのを承知で書くが、在日米軍もそうした問題をきちんと受け止め、同じようなことが起こらないよう神経を尖らせている。第3章で紹介したCOINのように、21世紀になってからは現地住民への配慮が必要だという認識が米軍全体で共有されるようになっている。歩みは遅いように見えるかもしれないが、意識改革は着実に進んでいるのである。

それは数字にも表れている。実は、米兵が日本で罪を犯すケースは、かなり少数なのである。

私が在日米軍の憲兵大隊副官として横田基地に勤務していた頃の任務の一つに、日本の刑務所に服役中の米兵を、1カ月に1回面会するというものがあった。日本で罪を犯した米兵は、特定の日本の刑務所に入ることになるのだが、私はその刑務所に行って米兵と面会し、日本の刑務所の待遇について聞いたり、それが地位協定に基づいているかどうかを話したり、家族の連絡役になったりした。

その経験から言うと、当時、日本刑務所で服役中の米兵は、15人弱しかいなかった。これは、一つの基地ではなく、日本中の米軍基地が対象だ。

しかも、服役者の大多数はコントラクターや兵隊の家族、事務官で、本当の米兵はせいぜい3分の1程度。私が刑務所に面会に行っていたときも、米兵は5人で他の10人はコントラクターや兵隊の家族、事務官だった。

もちろん、米兵の起訴手続きが可能な期間は限られているため、実刑になっていない兵士もいるだろう。それは制度上大きな欠陥である。しかし、読者の皆様に知ってほしいのだが、米兵の場合、1回でも逮捕されれば不起訴になっても米軍におけるキャリアは終わりである。UCMJという米軍の刑法で100以上の章に基づき処罰され、軽くても不名誉除隊は免れない。

除隊といっても、その社会的な影響力は絶大だ。不名誉除隊は日本の前科と同じ扱いであり、除隊後の再就職は非常に難しくなる。しかも、就職活動をするときには願書に不名誉除隊になった旨を書くことがアメリカ政府から義務付けられており、仕事を探すのにも苦労することになる。そんな状態を望む米兵はまずいない。

つまり、米兵が日本で起訴されず実刑にされなかったとしても、その後にアメリカの軍法会議などで罰せられ、社会的に厳しい制裁を受けるのである。

もちろん、日本の信頼を得るためには、米軍はコントラクターや事務官、米兵の家族による犯罪を減らす努力をする必要がある。日本人からすれば、米兵だろうが事務官だろうが、同じ米軍関係者による犯罪だ。米兵の犯罪ではないと言ったところで、不信感はぬぐえないだろう。

しかし、米兵は決して日本を軽視していないし、多くの兵士はルールを守って任務にあたっている。米軍関係者による犯罪を喜ぶ米兵は誰もいない。皆、コントラクターなどの犯罪を迷惑がっているのが正直なところだ。

日本を好きな米兵が多いのに、一部の犯罪者のせいで米軍全体が嫌われてしまうことは、日本出身で米軍に所属する私からすると、非常にはがゆい思いだ。課題が多いのは承知しているが、米軍も問題が起こらないよう気を配っている。どうか、日本の方はそのことも忘れないでほしい。

米軍に所属して見えてきた自衛隊の問題点

これまで紹介してきたとおり、私は米空軍の軍人として、自衛隊と長きにわたって交流してきた。2000年11月に饗庭野分屯《あいばのぶんとん》基地でキーンソード日米合同演習に参加し、2004年には空自幹部の案内役を務め、2006年6月から2010年7月まで、横田基地に勤務して在日米軍憲兵大隊副隊長の任務に就いた。このような経緯から、自衛隊、特に空自と陸自との付き合いを深めてきた。

私は長い間、自衛隊を見てきた。その自衛隊との付き合いから、それまで知らなかったことが色々見えてきた。第二次大戦後、日本は憲法9条に基づき平和主義路線を歩んできたが、これによる法的規制は、日本の防衛組織である自衛隊にネガティブな影を落としている。第2章で紹介したように、国を守るために必要な能力が欠けているのである。

周知のとおり、日本国憲法9条では、戦争放棄、戦力の不保持、交戦権の否認を謳っており、この9条の下、戦後の日本社会は経済力を強化し、先進国として発展してきた。

とはいえ、戦後日本が戦争や紛争などの武力衝突に巻き込まれずに済んだのは、なにも9条だけのおかげではない。安全保障をアメリカに肩代わりしてもらっていたことも大いに影響している。

しかし、果たして、イラクとアフガニスタンで戦争をして疲弊し、ISIS等のイスラム教過激派集団とテロとの戦争に明け暮れる21世紀のアメリカが、果たしてこれまでどおり日本を守ってくれるのだろうか？　ましてや、中国がアメリカとの経済的なつながりを強化し、新しい大国関係を望んでいる中で、アメリカは日本の発言にこれまでと同じように耳を傾けるのだろうか？　日本国民はそんな楽天的な考えを信じ続けていいものであろうか？

自分の国は自分で守れるようにすることが、国家戦略の鉄則である。日本も例外ではない。そのためには、これまで紹介してきた軍事戦略の構築だけでなく、法的インフラの整備もすぐに行わなければならない。

それでは、世界情勢が大きく変わる現在、日本は国を守るためにどのような改革が必要なのだろうか？　次章で詳しく見ていこう。

第5章

日本の国防に欠けているもの

自衛隊用の刑法がないという大問題

これまで、国家軍事戦略や各軍の軍事戦略について書いてきたのは、それが国防において必要不可欠にもかかわらず、日本に欠けていたからだ。

しかし、その他にも日本は国防をする上で法的インフラに重大な欠陥がいくつもある。

一番の問題は、軍法会議、すなわち自衛隊刑法がない点だ。自衛隊刑法は何も自衛官を罰したり、罪をなかったことにするためにあるのではない。任務を遂行している自衛官を刑法や民法から守るという重要な法的インフラストラクチャーなのである。

例えば、航空自衛隊の基地を訪れると、ゲートで空自の自衛官にテキパキとどこに行ったらいいのか指導される。しかし、彼の小銃には弾倉がついていない。市ヶ谷の防衛省や入間基地、芦屋基地などどこも同じだったが、それでどうやって敵国やイスラム教過激派のテロリストから基地を守るのだろうか。基地どころか、自衛官自身が自分の身を守れるのかも怪しいところだ。

それで気になって、航空自衛隊のゲートの自衛官に、「弾はどこにあるんですか」と聞いてみた。おそらくゲートに近い建物にあるのだろうと思って聞いたのだが、驚いたことに、弾はゲート内ではなく、隣の建物にあるというのだ。この状況で、航空自衛隊は基地や高価な飛行機、レーダーサイト、エレクトロニック装置などの戦略的に大変重要な指令制御システムを、どうやって守るのだろう。

これが米空軍基地だったら、ゲートを守っている米兵の小銃にはもちろん弾倉が付き、弾はチャンバーに入っていて、そしてセレクトレバーはセミになっている。言い換えれば、この米兵がトリガーを引いたら、すぐに撃てる状態になっているわけだ。それだけ基地防衛は緊迫したものなのだ。もし、テロリストに基地が乗っ取られれば、基地内の武器を奪われて国が壊滅的なダメージを受けることも十分ありえるため、これぐらいの対策は必ず行っている。

日米でここまで違いがあるのはなぜか？　実はこれは、自衛隊刑法がないことが原因なのだ。自衛官が基地に進入しようとしている者を射殺した場合、自衛隊刑法がないため、自衛官は民法や刑法で裁かれる。そして裁判で、自己防衛かどうかが問われるわけだ。

任務の内容に関係なく、自己防衛かどうかが問われる。これははっきり言って異常だ。銃器を所持した者が基地に現れ、敵意を見せているのに、敵が攻撃するまで待つ。そうして攻撃を受けたら自己防衛ということで反撃できると主張するなど、軍事上とんでもないことである。

敵がどんな破壊力をもっているかもわからないのに、最初の攻撃は敵にさせるという考えは、明らかに危険である。自衛官の命を奪うほどの威力があるかもしれないし、もしかすると基地機能を破壊したり、日本全体への影響を与えるものかもしれない。それなのに相手の攻撃を待つなど、命を危険に晒すだけだ。

しかも、自衛官は攻撃を待って銃を発砲したとしても、通常裁判所で裁かれ、自分の行動の正当性を説明しなければならない。それができなければ、たとえ敵の脅威を排除しても自分は有罪になってしまうという、冗談にもならない事態に陥る可能性がある。

この問題は、国内の基地防衛だけにとどまらない。自衛隊の海外派兵が増える現在、武装勢力から攻撃を受ける恐れがあるのに自己防衛しかできないのは非常に危険だ。わざわざ相手の攻撃を待つことに、どんな意味があるのだろうか？

こんなことでは、自衛官は自分の命を守れるのか不安になるし、命令を守っても処罰されないようにしないといちいち無駄な心配をしなければならなくなる。

政府が防衛出動を命じれば武力行使が可能になり、敵を排除することが許されるが、防衛出動には国会の承認が必要であり、スピード感に欠ける。突然敵がやってきたとき、防衛出動を待つ時間などはない。何度も言うが、これでは自衛官の命も基地も守れない。

しかし自衛隊刑法があれば、自衛官の行動は任務に基づいているかどうかで判断されるため、このような心配はいらなくなる。武器を所持したテロリストを自衛官が射殺した場合、彼は任務中だから、民法・刑法の対象にはならない。武器所持という敵意を示している敵が基地に侵入するのはまずい。当然自衛官はテロリストの侵入を防ぐため、殺傷力のある小銃で撃つ。これが彼の任務である。自衛隊刑法で有罪になることはないし、民事裁判で裁かれる余地もない。

憲法76条を変えないと自衛官の現状は変わらない

ただ、こうしたルールを変えるには、日本の法制度上、かなり高いハードルがある。自衛隊刑法がないのは、憲法76条で特別裁判所の設置が禁止されているからだ。自衛官を裁く軍法会議はこの特別裁判所とみなされてしまうため、この76条を変えない限り、自衛官の現状は変わらないのだが、改憲のハードルが非常に高い日本で、果たしてそれができるのだろうか？

安倍首相は憲法を改正して自衛隊の憲法上の位置づけを変えることに前向きだが、本当に国のためを思っているのなら、憲法76条を変えて軍法会議を設置できるようにしなければいけない。

先述したように、現在は自衛隊が海外に派兵される時代である。そうした部隊に対して最初から意図的な戦闘命令がでることはまずない。任務は意図的な戦闘ではなく、紛争地の調停や海賊の取り締まりなどだからだ。

法律上、自衛隊は危険な地域には行かないことになっているが、戦場は状況が常に変化し、何が起こるかはわからない。安全だといわれている場所でも武装勢力が接近してくるかもしれないし、戦火が広がって急な攻撃を受けるかもしれない。そんなときに自己防衛しかできないなんて、普通に考えればおかしいことではないだろうか。

国民や政治家が自衛官から死者を出したくないと本気で思うなら、後手の対応しかできない現状をなんとか変える努力をしなければいけないのである。

敵を攻撃する際のルール「LOAC」

それでは、武器を所持して敵意を示している相手ならどんな攻撃をしてもいいのだろうか？　そうした疑問は当然出てくると思う。

もちろん、無制限で攻撃をするなどということは許されない。巻き添え被害を防ぐため、西側諸国は敵の武器に比例した武器で戦うことしか認めていないのだ。

そのルールがジュネーブ協定に従った武力紛争の規定「ＬＯＡＣ」（Law of Armed Conflict）である。西側諸国の軍隊はこの規定に従って過剰攻撃と巻き添え被害を防ぐ。

例えば、２階建てのビルの１階にいる敵の狙撃兵から銃撃を受けたとしよう。もし２階に一般市民が住んでいる場合、我々は飛行機による攻撃や迫撃砲・野砲による砲撃はできない。一般市民を巻き添いにしないようにするためだ。

このＬＯＡＣを基にできたのが連続的実力行使（Use of Force Continuum）だ。これはどのような場合に、どれだけの実力行使ができるかを決めている。例えば、ある男性がゲートに歩いて近づいているとき、１００メートル先でＡＫ47を所持しているのが見えた。この時点で、この男性は敵意を示したということになり、連続的実力行使に基づいてこの男性に対して発砲することが許可される。要は、軍刑法があって武力紛争の規定に基づき連続的実力行使を実行すれば、自己防衛がどうのこうのと言うことなく、この男性を射殺できるわけだ。

ではこのＡＫ47が実物でなく、おもちゃだったらどうなるんだと思うかもしれない。無実の人間を殺していいのかと疑問に思うだろう。しかし、基地を守っている兵士からすれば、本当はおもちゃであっても、それが本物に見えるのは当然だ。本物であろうがなかろうが、小銃のようなものを振り上げていれば敵意があるとみなされるため、射殺の許可は下りる。悪ふざけは通じないのだ。

こうしたルールが決められているのは、国防のためには、民法や刑法では裁けないことがたくさんあるからだ。人を殺せば刑法で裁かれる。しかし、軍隊の任務には人を殺すことも含まれる。この矛盾をクリアして国を守るためには、自衛隊刑法が絶対に必要なのである。

国民の支持がない軍隊は弱い

日本の国防に欠けているのは、自衛隊刑法だけではない。自衛隊が国家戦略に基づいて活動するためには、国民の支持もなければならないのである。

第2章で紹介したコリン・パウエルは「国民に支持された軍隊は強い」という言葉を残しているが、パウエルの言うとおり、軍隊は国民の支持がなければ強くなれないし、作戦を遂行することができない。実際、アメリカ、ロシア、イギリス、イスラエルなど強い軍隊を擁する国は、軍隊への国民支持が強いことで知られている。

逆に国民の支持を失えば、強国であっても戦争に負けてしまう。ベトナム戦争がそのいい例だ。

作戦の早い段階で、米軍は北ベトナムへの戦略爆撃が禁止されていた。ソ連と中国の介入を防ぐためだ。そのため米軍は、ローリングサンダー作戦という単発的な爆撃作戦しか行えず、それが北ベトナム軍に与えた効果は薄かった。これがのちにまずいことになる。戦況は泥沼化し、アメリカは終わりの見えない戦争を10年近くも強いられてしまったのだ。

ローリング・サンダー作戦に参加した米空軍の爆撃機B52。中途半端な爆撃では大した効果を北ベトナム軍に与えられず、戦争は長期化した。

こうしてアメリカ国内では厭戦気分が広がった。メディアから入ってくるのは米兵によるベトナム一般市民への殺戮という悪いニュースばかり。米兵への支援などなくなってしまった。当然、兵士の士気も下がって悪循環に陥ることになる。

勝てないし、誰も望んでいないし、兵士もやる気がない。このように、アメリカのような強い軍隊を持つ国であっても、国民からの支援がなくなれば途端に弱くなってしまうのである。

なお、先日日本のテレビを観たときに、ある経済評論家から「なぜベトコンは米軍に勝ったのですか?」とあまりにもばかげた質問がでた。ベトコンが米軍を破ったのではない。米軍が北ベトナム戦略爆撃という戦争勝利に必要なことを政治的理由でしなかったために戦争が泥沼化し、国民の支持を失ったことで負けたのである。

日本の文民統制は世界規準の文民統制ではない

続いてシビリアン・コントロール、文民統制の問題点について指摘したい。

読者の皆さんはご存知のことだと思うが、文民統制とは、軍隊は文民である政治家が統制するという民主国家の基本原則のことである。

この文民統制に問題があると聞いて、不思議に思う人もいるかもしれない。第二次世界大戦後、日本は軍国主義から脱却するために戦力の保持を禁じ、二度と軍部の言いなりにならないよう、文民統制を徹底してきたではないか。自衛隊は文民である政治家の支配下にあり、逆らうことは許されない。憲法上も法律上も、自衛隊が暴走する可能性はないはずだ。そう思っている人は少なくないだろう。

しかし、違うのだ。実は、日本における文民統制は、世界から見ると非常に異質なものなのである。確かに、自衛隊が勝手なことをできないように法制度が整えられているし、自衛隊自身も国に逆らおうという考えはもっていないだろう。

問題は、自衛隊の制服組と背広組のシステムである。制服組とは自衛官、要は軍隊でいう兵隊のことで、背広組とは防衛省の職員、つまりは官僚のことを指す。横田基地勤務時代に、私はこの問題を知った。

横田基地赴任前、私は制服組は米軍における兵士、背広組は事務官やコントラクターと一緒だと思っていた。

国防省から見れば、米軍の中心は兵士であり、この兵士のサポートをするのが事務官だ。事務官は国家公務員で階級があり、その階級をGS（General Schedule）と呼んでいる。例えば、GS14は兵士の少将と同階級である。

コントラクターは米軍独特の存在で、要は軍の契約社員のことを指す。正規兵だけではまかなえないとき、ブーズアレンハミルトンやKBR、ブラックウオーターといった派遣会社と短期契約を結ぶと、そこから契約社員が派遣されるというわけだ。戦地はもちろん、国内の米軍基地でも働いている。戦争を継続して行っている米軍ならではの仕事である。

といっても、彼らの仕事は本当の専門職、例えば私自身が関係していた科学捜査と生体検証の技術者などなら分かるが、普通の事務官のサポートのようなもので、時には必要性を感じないこともある。

このように、事務官とコントラクターは兵隊のサポート役であり、前に出てくることはまずない。しかし、自衛隊の場合はまったく違う。

横田基地から出張で福岡の春日基地に行ったときのことである。基地に着いたとき、私は自衛隊の1佐と3佐が迎えに来るのだと思っていた。私が在日米軍憲兵大隊の副官で階級は少佐、上官は大佐だ。普通の軍隊なら、同じ階級の人間が出迎えることになっている。しかし、やってくるのは背広組である防衛省（2007年1月までは防衛庁）の職員だ。これは春日基地に限らず、防衛省のある市ケ谷や府中基地、入間基地、芦屋基地へ出張に行ったときも同じだった。

米軍人からすれば事務官なのだが、彼らがまずは挨拶し、自衛官である1佐などの佐官を紹介する。私たちへの話しぶりは丁寧だが、佐官への対応は命令調でぶっきらぼうだ。

正直に言うと「何これ？」という印象でいつも不思議に思っていた。上官の大佐は、不思議がるどころかいつもカリカリしていた。「何で事務官と話さないといけないんだ？」と、かなり腹ただしそうに私に聞いてきたものだ。

制服組である自衛官に聞いてみると、背広組である防衛官僚の方が制服組より上の立場だと聞いた。私は驚いた。それを大佐に話したら、同じように驚いていた。それで制服組に聞いてみた、「何で背広組が、制服組に命令をすることになるのですか？　背広組は戦争とか、自然災害に出動するのですか？」と。

「もちろん出動しません。彼らが我々の上にいるのは、文民統制があるからです」と自衛官は答えてくれたが、その言葉に、私は先ほどよりもさらに衝撃を受けた。これが開いた口がふさがらない状態なんだなと痛感した。

日本の文民統制の何が問題か？

なぜ私や大佐がそこまで驚いたのか。それは、自衛隊自身が文明統制の意味をきちんと把握していなかったからだ。

日本には国民から選出された内閣総理大臣がいて、その総理大臣が選んだ防衛大臣がいる。国民によって選出された民間人が自衛隊をコントロールしているわけだ。これは文民統制として正しい。

しかし、自衛隊内部で指導的な立場にある背広組は、国民に選出された民間人ではないし、その上戦術や戦略、そして軍事についてわかっていない素人集団である。自衛官を統制する根拠がないし、その上的外れなことを言ってくる。法制度や国際関係論など、理論的なことに精通していても、それと実際の軍事との違いはわかっていない。

これは非常に問題だ。これまでいろいろな問題点をあげてきたが、この問題は軍人なら誰もが違和感を抱くはずだし、納得できない点だと思う。

考えてみてほしい。軍事の素人である背広組が軍事的な判断に介入してくる。専門家が自分の本領で素人の意見に従っている状態だ。

現状では、自衛隊の一つひとつの部門に背広組の事務官（事務員という名称の方が的確だと思う）が食い込み、制服組の判断に口をはさんでいる。これは時間の無駄だし、不必要なプロセスを作っている。本来なら、背広組は制服組をサポートすることで初めて存在意義が出てくるのだが、今のところこの疑問を投げかける人はあまり多くない。

それどころか、背広組が制服組の上位に立つことを肯定的にとらえる向きの方が強いのではないだろうか。

ある出版社が運営するウェブマガジンで、文民統制に関する記事を見たのだが、よくある間違いが書かれていたため、簡単に紹介しようと思う。

記事では背広組が制服組の上位に立っていることを紹介し、それが有用だと書かれていた。背広組が制服組の上に立っていても、首相と防衛大臣は背広組を指揮、監督しているため、文民統制の建前は守られる。

むしろ、首相も防衛大臣も軍事知識を持たない人々がなるのが普通だから、制服組の意見に正しく反論ができず、言いなりになる可能性がある。しかし、軍事に関してある程度知識がある背広組が自衛隊の案を審査、論議したのち大臣に上げるから、面倒ではあるものの、自衛隊の暴走に対する一応の歯止め役は果たしてきた。

これが大体の趣旨だ。

ここには三つの大きな間違いがある。

まず一つめが、なぜ首相と防衛大臣の方が防衛官僚の背広組より軍事知識がないと言えるのか、だ。どちらも軍務勤務経験がないし、軍事に関して素人だ（中には自衛官出身の政治家もいる）。

普通の国なら、首相や防衛大臣は国民から選出されたという使命感からやる気が十分あるので、軍事知識が早く身につきやすい。記者や野党からの質問に答えられない政治家は、資質なしとして攻撃の槍玉に挙げられる。防衛官僚のメモを見ているだけの政治家もいるが、少しでもやる気があれば、最初は不十分でも、知識を身につけようと自衛官の意見に耳を傾けていくものだ（そうでなければそれはそれで問題だが）。

二つめは、先ほども述べたように、国民が選出した政治家が自衛隊を指揮・監督することが文民統制であり、背広組が制服組の上位に立つ根拠にはならない。むしろ、民意を軽んじていることになる。これでは、文民統ではなく文官統制と呼ばれるのも無理はない。首相や防衛大臣の指揮・監督がおかしければ選挙で代えればいいが、国民には防衛官僚がどのような考えの持主なのかがわからないし、政策決定のプロセスも不明確だ。

三つめは、防衛官僚に案を説明するという無駄なプロセスを否定していない点だ。制服組が任務を遂行するために作戦案を考えたとしよう。制服組は、その案の趣旨を自衛隊組織の上位にいる背広組の防衛官僚に説明して承諾を取らなければならない。しかし、軍事知識のない防衛官僚に説明するのは時間がかかるし、戦略上必要であっても、理解されなければ実行できない。

これまではこれでうまくいったからという安直な考えでこの仕組みを続けるのは、はっきりいってばかげている。近代戦は数分で勝敗が決まるものだ。このままでは、有事の際に政治家に直接意見を言うことができず、余計な被害が出るかもしれない。そんな無駄は、絶対に避けなければいけないはずだ。

こうした背広組優位の体制は、すでに政治的な問題となって表れている。

それが、ＰＫＯの日報問題だ。２０１7年2月、南スーダンに派兵された陸上自衛隊の戦闘に関わったＰＫＯ部隊の「日報」が隠蔽された疑惑があるという問題のことで、記憶に新しい人も多いと思う。

当初はないといわれていた日報が、実はあとから見つかった。しかもその日報は自衛隊が撤退する条件である「戦闘行為」に関して記述があった。そのため、撤退を避けるために防衛省が意図的に隠そうとしたのではないかと疑われていたのだ。

日報の発表が遅れたのはなぜか。ＮＨＫの番組「クローズアップ現代＋」の「新証言自衛隊〝日報問題〟」では、背広組による情報操作があったと指摘している。

番組によれば、当初は本当に日報がないと思って「ない」と答えたものの、実はあとからあったことがわかったのだという。陸上自衛隊内部では、「保管されているなら出そう」というスタンスだった。管理が不十分で申し訳なかったと説明した上で出すべきだと考えていたようだ。

しかし、統合幕僚監部の背広組はそれを認めなかった。背広組は「今さらあるとは言えない」と伝え、データの消去を指示。さらには対応マニュアルを作成させ、「日報はなかった」という当初の発言を正当化しようとしたのである。

これは、背広組優位の体制の典型的な問題だ。背広組の防衛省官僚は明らかに政治色が強い。あとから日報があったといえば、大臣や首相に迷惑をかける。それ以上に省の顔に泥をぬってしまう。そうした思いで政治的な判断を下したのだろう。

しかし、民主主義国家の軍隊は政治的に中立になるように教育を受けている。それは制服組でも背広組でも変わらない。政権は、選挙によってリベラルになったり保守になったりするが、官僚や軍隊の仕事は、国家の首脳のサポートだ。政治的配慮なんかより、首脳の命令を遂行することを考えなければいけない。自衛官であれ防衛官僚であれ、誠実性は必要だ。

制服組が背広組に頭が上がらないのは、背広組が予算・会計を決める立場にあるからだ。しかし、この体制も軍事常識から言えば誤りで、西側諸国の軍隊はみな、兵隊が予算、会計を担当している。

私自身も、士官学校に入る前は米陸軍会計部隊の伍長だった。士官になった後も、当然のように予算と会計については学んだ。その知識をもとに下士官たちが製作した小隊や中隊の予算・会計を定期的に評価して、上に要望を出すのが仕事だった。

他の西側諸国の軍隊も、官僚ではなく兵隊たちが予算と会計をしている。任務は制服組、予算や政策決定は背広組と住み分けているのは日本だけだ。他国でもやっていることなのだから、制服組の自衛官ができないはずはないと思う。

メディアの軍事ニュースは誰がチェックしているのか

もう一つ興味を引くことがある。近年、日本のテレビを見ていると必ず、軍事評論家、あるいは軍事ジャーナリストといわれる人たちが出演する。しかし、大抵は自衛隊での勤務経験がない。そうした軍隊経験がない人たちが、軍事の専門家としてテレビで発言し、本を書いたりネットに記事を投稿したりする。

きちんと勉強してる人もいるが、時折、彼らは戦略の説明についておかしなことを言う。軍隊経験がなく、軍事学を学んでいないのだからそれは仕方がないと思う。

しかし不思議に思うのは、日本メディアはなぜ退役自衛官を軍事評論家や軍事ジャーナリストとして雇わないのだろうか、ということだ。

またアメリカの話になってしまうが、ＣＮＮやフォックス・ニュースなどのテレビ局には、顧問として軍事評論家や軍事ジャーナリストがいる。皆退役米軍士官で、准将や大佐、中佐経験者が多い。

日本でも、軍事知識のある退役自衛官を軍事評論家や軍事ジャーナリストとして雇えばいいのにといつも思う。特に将補、1佐、2佐は指揮の経験もあるし、統合幕僚学校を卒業しているため、客観的にアドバイスをすることができるはずだ。軍隊経験のない軍事評論家より、ずっと正確な意見が述べられると思う。

結局、日本において自衛隊は、国を守る組織として十分に理解されていないのではないだろうか。文民統制の件といい、軍事評論家の件といい、日本人、あるいは日本のメディアは、自衛隊が旧日本軍のように暴走することを怖れているように思えてならない。だから、自衛官、あるいは退役自衛官に目立って欲しくないと考えているのではないだろうか。

こうした考えはナイーブ過ぎるかもしれないが、海外からみれば、自衛隊に対する日本の見方は冷淡だ。これではいけないということをわかって欲しい。第二次世界大戦は70年以上前に終わっている。現実的な議論をするためには、そろそろ自衛隊をとりまく環境について目を向けるべきである。

そもそも、国防には右翼も左翼もない。自分の国とそこに住む人たちを守ると言うのが国防である。それなのに、一般市民出身の軍事評論家たちの多くは右翼的な思想を持っている。その右翼的思想における愛国心を、日本国民に植えつけてもらいたくない。思想を喧伝するのではなく、軍事上の観点からアドバイスを下せる人材こそ、メディアは活用すべきなのである。

おわりに

「はじめに」でも少し書いたが、私は米陸軍に1992年に入隊し、その後は米空軍に所属して、軍隊生活は計25年になる。

この間、任務で想像もしていなかったようなところへ行き、いろいろな人間と出会い、いろいろな国の料理を食べ、いろいろな国の言語を学ぼうとした。

ノルウェーに2カ月ほどNATO軍の訓練に行ったときは、2メートルもあるエストニア陸軍の軍曹が体を丸めてワープロのキーを叩きながら、新しいデーターベースを皆に教えていた。見た目と仕事のギャップに思わず笑ってしまったが、世界にはいろんな人間がいるのだなとつくづく思った。

そうしたいろいろな国の人間たちが、自分の国を守るために、日々訓練や任務に時間を費やしている。軍人だけでなく、政治家も市民も安心して暮らすためにはどうすればいいかを考え、議論を深めていた。そうした現実を目の当たりにして、たとえ国が違っても、民主主義国家ならば、考えることは我々とさほど違いがないのだと実感した。

国防とは、どの国にも必要なものである。自分の国を守り、独立を維持し、国民を侵略から守る。結構単純な考えに聞こえるが、なぜか日本ではいまだにうまく議論が進んでいないし、具体的な政策も実行されていない。

その事実を本書で述べてきたのだが、多分、読者の中には私の意見に反対の方も少なくないだろう。そういう方とは、いつかこのテーマについて話し合ってみたい。意見をかわして問題への理解を深め、偏見を持たずに現実的な解決策を模索していく。結局それが民主主義の基本だと思う。

本書が多くの方々に読んでもらえるとうれしいが、日本勤務で交流をもった自衛官の方々にも読んでもらえると、私としては大変うれしい。

横田基地からシャー基地へ転勤するまでの4年間の日本勤務は、大変有意義なものだった。多くの自衛官と友人になり、一方、日本の国防と戦史の勉強をし、機会があればその内容を米軍や自衛隊でブリィーフィングした。宮城県の松島基地も、そのブリーフィングを実施した基地の一つだ。基地の皆と意見を交わして非常に勉強になった。

そのため、2011年に東日本大震災が発生し、松島基地が津波によって大きな被害を受けたときは非常にショックだった。その状況をアメリカのサウスキャロライナからCN

Nで逐一見ていたが、いてもたってもいられない気持ちになった。ともだち作戦へ志願するものの上官に断られ、そのままアフガニスタン戦争へと派兵された。歯がゆい気持ちだった。あれから基地はどうなったのだろう。自衛官たちは元気だろうか。いつの日か、松島基地を訪れたいと思っている。

なお、本書は、私が単著で初めて書いた軍事評論書である。2015年、小峯隆生氏を聞き手に共著で『新軍事学入門』（飛鳥新社）を出版したが、私自身物足りなさを感じていたので、もっと自分の意見を書ける機会を探っていた。タイミングよく彩図社の名畑諒平氏と出会い、彼の協力により今回、本書を執筆できた。心から感謝したい。

それからこの場を借りて、今まで私や私の家族を助けてくれた、時藤和夫空将補、ロドリック・グラムウオルド大佐（米空軍）、オーレン・シーモー大佐（米陸軍）、大西喜隆二等陸佐、池口幸治三等空佐に謝意を表したい。本当にありがとうございました。

最後に、この本は亡き伯父の箕輪通と伯母の箕輪節子、それと亡父の勤と亡母きく子、そして妻コリーンと娘、息子に捧げたい。

2017年5月下旬　アメリカ空軍中佐　内山進

〈著者プロフィール〉

内山 進（うちやま・すすむ）

東京都生まれ。アメリカ空軍中佐。

アメリカ空軍指揮幕僚大学卒業、カバナー州立大学で分析化学修士号取得、ミズーリ州立大学で化学学士号取得。

アメリカ空軍に15年、アメリカ陸軍に10年勤務。アフガニスタンに1回、イラクに3回任務のため派兵。

2006年から2010年まで横田基地に米空軍少佐として勤務し、空自と陸自と親睦を深める。2000年にキーンソード日米合同演習、2009年にキーンエッジ日米合同演習に参加。現在は予備役の任務と石油会社での勤務の両立。著書に『戦い、終わらず』（並木書房）、『アフガニスタン戦記』（彩流社）、共著に『新軍事学入門』（飛鳥新社）がある。

帯写真撮影：横田徹

日本人「米軍中佐」が教える
日本人が知らない国防の新常識

2017年7月18日第1刷

著者　内山進
発行人　山田有司
発行所　株式会社　彩図社《さいずしゃ》
〒170-0005
東京都豊島区南大塚3-24-4　MTビル
TEL 03-5985-8213　FAX 03-5985-8224
URL：http://www.saiz.co.jp
Twitter：https://twitter.com/saiz_sha
印刷所　シナノ印刷株式会社

ISBN978-4-8013-0237-2　C0031
乱丁・落丁本はお取り替えいたします。